Springer-Lehrbuch

Für weitere Bände:
http://www.springer.com/series/1183

Peter Hertel

Arbeitsbuch Mathematik zur Physik

 Springer

Prof. Dr. Peter Hertel
Universität Osnabrück
FB Physik
Barbarastr. 7
49069 Osnabrück
Deutschland
Peter.Hertel@uni-osnabrueck.de

ISSN 0937-7433
ISBN 978-3-642-17788-0   e-ISBN 978-3-642-17789-7
DOI 10.1007/978-3-642-17789-7
Springer Heidelberg Dordrecht London New York

Die Deutsche Nationalbibliothek verzeichnet diese Publikation in der Deutschen Nationalbibliografie;
detaillierte bibliografische Daten sind im Internet über http://dnb.d-nb.de abrufbar.

Einbandentwurf: WMXDesign GmbH, Heidelberg

Gedruckt auf säurefreiem Papier

Springer ist Teil der Fachverlagsgruppe Springer Science+Business Media (www.springer.com)

Vorwort

Mein *Mathematikbuch zur Physik*[1] stellt zusammen, welche Mathematikkenntnisse im Physikstudium wirklich gebraucht werden. Es ist auf Übersicht angelegt und knapp gehalten. Das *Mathematikbuch* ist nicht als Lehrbuch zum Selbststudium konzipiert. Es geht davon aus, dass der Mathematikunterricht der Schule gut war und dass weiterführende Kenntnisse und Fähigkeiten in Mathematik an der Universität vermittelt werden. Es zeichnet sich durch eine enge Verflechtung analytischer und numerischer Methoden aus. Die Mindestanforderungen an Mathematik leiten sich aus dem Lehrbuch des Verfassers zur *Theoretischen Physik* ab.[2]

Dieses *Arbeitsbuch* soll eine Hilfe sein, das *Mathematikbuch* ganz oder teilweise selber durchzuarbeiten. Es besteht aus Anmerkungen, zusätzlichen Beispielen und aus Übungsaufgaben, oder Problemen. Ich hätte den Inhalt des *Arbeitsbuches* auch in das *Mathematikbuch* einarbeiten können, aber das wäre ein Widerspruch zum Anspruch auf Knappheit, Übersicht und Zusammenfassung gewesen. Außerdem wollte ich nicht die Dozenten bevormunden, die das Mathematikbuch verwenden. Je nach Umfeld und Vorkenntnissen sollen sie selber entscheiden, wie der Stoff am besten durch weitere Beispiele erläutert und eingeübt wird.

In der Mathematik gibt es zwischen Unverständnis und Verständnis kaum Zwischenstufen. Ein Problem verursacht entweder Panik oder ist trivial, ein von Mathematikern häufig benutztes Wort. In vielen Fällen führt ein gutes Beispiel, aber vor allem ein selber gelöstes Problem, plötzlich zu einem großen Fortschritt im Verständnis. Deswegen sind Übungsaufgaben zusammen mit Hilfen zur Lösung so wichtig für das Studium der Mathematik. Und: Sie dürfen sich nicht daran stören, wenn die Übungsaufgaben zu einfach sind. Das zeigt doch nur, das Sie bis jetzt über den Berg sind und sich die Bemerkung 'trivial' erlauben können. Für andere ist dasselbe Problem ein Albtraum.

---

[1] Hertel, Mathematikbuch zur Physik, Springer-Verlag, ISBN 978-3540890430
[2] Hertel, Theoretische Physik, Springer-Verlag, ISBN 978-3540366447

Andererseits müssen Sie nicht verzweifeln, wenn Sie vor einem Problem wie der Ochs vorm neuen Tor stehen. Man muss dann den zugehörigen Text im *Mathematikbuch* noch einmal ganz sorgfältig lesen. Herausgefordert von der Übungsaufgabe geht dann vielleicht ein Licht auf. Oder gehen Sie in die Bibliothek, suchen Sie im Internet oder fragen jemanden, der Bescheid weiß.

Die Probleme zu den einzelnen Abschnitten des Lehrstoffs formulieren wir fast immer dreistufig. Zuerst motivierende Bemerkungen, dann die Aufgabe selber, und als drittes geben wir die Lösung an oder geben Hinweise zur Lösung. Bemerkungen und Aufgaben stehen im Haupttext, die Lösungen oder Hilfen dazu sind in einem Anhang zusammengestellt.

Das *Arbeitsbuch* hat zwei Anhänge. Der eine stellt die Lösungen der Übungsaufgaben vor, der andere ist eine Einführung in LaTeX mit Schwerpunkt auf mathematische Formeln. Eine Einführung in MATLAB zu numerischen Verfahren ist im *Mathematikbuch* enthalten.

Natürlich liegt es nahe, die Anmerkungen zu überspringen, sich das Problem und dann sogleich die Lösung anzusehen. Das macht Sinn, wenn es darauf ankommt, irgendwie eine Bescheinigung zu bekommen. Ich setze allerdings mit diesem *Arbeitsbuch* auf Studentinnen und Studenten, die sich nicht durch das Prüfungssystem schlängeln wollen, sondern wirklich können und wissen wollen, was nötig ist. Denn: das *Mathematikbuch* ist bereits ein Minimalprogramm für die Physik und in Ausschnitten auch für verwandte Fächer.

Wer für einen 10 km-Lauf trainieren will, kann diese Aufgabe nicht dadurch vereinfachen, dass er die Strecke mit dem Fahrrad oder sogar im Auto abfährt. Er muss die Strecke selber laufen, wenn auch erst einmal eine kürzere und langsam, dann eine längere, und dann schneller. Und das immer wieder.

Mit solch einer Überlegung im Sinne habe ich dieses *Arbeitsbuch* verfasst.

März 2011   Peter Hertel

Inhaltsverzeichnis

Abbildungsverzeichnis

1

Grundlagen

Dieses Kapitel beschreibt Grundkenntnisse in Mathematik, die jede Studentin und jeder Student von der Schule mitbringen sollte. Man kann es auch als Übersicht über die Schulmathematik verstehen, als eine Zusammenfassung. Es hat wenig Sinn, sich mit den folgenden Kapiteln zu beschäftigen, wenn hier erhebliche Lücken zu Tage treten. Solche Lücken müssen geschlossen werden, ehe man mit dem Studium der Mathematik fortfahren kann.

Im Abschnitt über *Mengen und Zahlen* wiederholen wir skizzenhaft die Grundbegriffe der Mengenlehre und behandeln die natürlichen, ganzen, rationalen und reellen Zahlen. Wir deuten an, was komplexe Zahlen sind, die für gewöhnlich nicht zum Schulstoff gehören; dieser Gegenstand wird später breiter abgehandelt. Mithilfe konvergenter Folgen erklären wir, was *stetige Funktionen* sind und wodurch sich *differenzierbare Funktionen* auszeichnen. Dabei wiederholen wir die wichtigsten Rechenregeln. Ein längerer Abschnitt ist den *elementaren Funktionen* gewidmet, der Exponentialfunktion, dem Logarithmus, Kosinus und Sinus sowie verwandten Funktionen. Der Abschnitt über *Integrieren* behandelt, wie man die Fläche unter einem Graphen ermittelt, als Grenzwert, und wie man eine große Anzahl von Integralen analytisch berechnen kann. Nebenbei führen wir auch vor, wie man ein Integral numerisch auswertet.

1.1 Mengen und Zahlen

Wir rekapitulieren, was Mengen sind und gehen auf die verschiedenen Typen von Zahlen ein: natürliche, ganze, rationale, reelle und komplexe. Dabei umfasst die nächste Menge jeweils die voranstehende.

1.1.1 Mengen

Mengen erklärt man zumeist durch Aufzählung ihrer Elemente in geschweiften Klammern oder dadurch, dass sie Teilmengen bereits bekannter Mengen sind.

P. Hertel, *Arbeitsbuch Mathematik zur Physik*, Springer-Lehrbuch,
DOI 10.1007/978-3-642-17789-7_1, © Springer-Verlag Berlin Heidelberg 2011

So steht $A = \{0, 1, \ldots, 15\}$ für die natürlichen Zahlen von Null bis Fünfzehn, nach allgemeinem Verständnis.

Es soll der Gebrauch der Rechenzeichen

- $\in$ (gehört zu, ist Element von)
- $\subseteq$ (ist Teilmenge von)
- $\cup$ (Vereinigung)
- $\cap$ (Durchschnitt)
- $\setminus$ (ohne)
- $\emptyset$ (leere Menge)

geübt werden. Hier einige scheinbar triviale Probleme:

1   Sei $A = \{0, 1, \ldots, 15\}$ und $B = \{0, 1\}$. Gilt $B \in A$?   ✓

2   Sei $A = \{0, 1, \ldots, 15\}$. Was ist richtig: $\{5\} \in A$ oder $5 \in A$?   ✓

3   Sei $A = \{0, 1, \ldots, 15\}$ und $B = \{0, 1\}$. Gilt $B \subseteq A$?   ✓

4   Sei $A = \{1, 2 \ldots, 15\}$ und $B = \{0, 1\}$. Gilt $B \subseteq A$?   ✓

5   Sei $A = \{0, 1, \ldots, 15\}$ und $B = \{1, 2, 19\}$. Was ist $A \cap B$?   ✓

6   Sei $A = \{0, 1, \ldots, 15\}$ und $B = \{1, 2, 19\}$. Was ist $A \cup B$?   ✓

7   Sei $A = \{0, 1, \ldots, 15\}$ und $B = \{2, 3, 16, 19\}$. Was ist $A \setminus B$?   ✓

Die Morganschen Regeln besagen

$$A \setminus (B \cup C) = (A \setminus B) \cap (A \setminus C) \tag{1}$$

und

$$A \setminus (B \cap C) = (A \setminus B) \cup (A \setminus C) \,. \tag{2}$$

(1) kann man sich so veranschaulichen. A steht für Ausländer, B für Personen mit Wohnsitz in Bayern und C für Chemiker. Die linke Seite von (1) benennt alle Ausländer, bis auf die, die in Bayern wohnen oder die Chemiker sind. Die rechte Seite besagt, dass die angesprochene Personengruppe aus nicht in Bayern ansässigen Ausländern besteht die zugleich als Ausländer mit einem anderen Beruf als Chemiker registriert sind.

8   Ahmed Sulyman (p) ist Ausländer, wohnt in Bayern und ist Physiker. Beschreiben Sie Ihn möglichst genau durch einen Ausdruck $p \in D$, wobei D aus A (ist Ausländer), B (wohnt in Bayern) und C (ist Chemiker) zusammengesetzt wird.   ✓

9   Prüfen Sie (1) nach mit $A = \{1, \ldots, 10\}$, $B = \{0, 4, 5\}$ und $C = \{4, 9, 16\}$. ✓

10   Dasselbe für (2), mit den Mengen wie vorher.   ✓

11   Übersetzen Sie (2) in einen Text mit 'ist Ausländer', 'wohnt in Bayern' und 'ist Chemiker'. ✓

Beachten Sie den Gebrauch der Wörter 'und' sowie 'oder' im Zusammenhang mit den Mengenoperationen ∩ beziehungsweise ∪.

12   Begründen Sie, warum $A \backslash A = \emptyset$ gilt. ✓

1.1.2 Natürliche, ganze und rationale Zahlen

Mit den natürlichen Zahlen zählt man ab, wie viele Elemente in einer Menge enthalten sind. Eine Menge aus fünf Äpfeln und eine Menge Obst aus drei Äpfeln und zwei Birnen haben gleich viele Elemente. Der Menge aller Mengen aus gleich vielen Elementen mit jeweils fünf Elementen ordnet man die Zahl 5 zu. Dasselbe gilt für alle anderen abzählbaren Mengen. Der leeren Menge entspricht die Zahl 0 (Null). Wie man mit natürlichen Zahlen umgeht, wird vorausgesetzt, zu diesem Thema gibt es keine Übungsaufgaben.

Die Menge $\mathbb{N}$ der natürlichen Zahlen wir erweitert zur Menge $\mathbb{Z}$ der ganzen Zahlen. Die Gleichung $x + 5 = 3$ hat erst einmal keine Lösung, außer man lässt sich auf 'es fehlen 2', oder '-2' ein. In diesem Sinne gelangt man zu Menge $\mathbb{Z}$ der ganzen Zahlen. Ganze Zahlen kann man addieren, subtrahieren und multiplizieren. auch dazu gibt es keine Übungsaufgabe.

Die Menge $\mathbb{Q}$ der rationalen Zahlen besteht aus Brüchen. Vier Kilogramm Mehl sollen unter drei Brüdern gerecht verteilt werden. Für jeden ein Kilogramm? Da bleibt was übrig. Für jeden zwei Kilogramm? Dafür reicht es nicht. Aus solchen Gründen hat man Zahlen wie 4/3 erfunden. Dabei ist sofort klar, dass acht Kilo Mehl für sechs Geschwister für jeden dasselbe ergeben, deswegen gilt 8/6 = 4/3. Rationale Zahlen werden also als Zähler/Nenner dargestellt, wobei man kürzen darf, ohne dass sich der Wert verändert. Rationale Zahlen kann man addieren, subtrahieren, multiplizieren und dividieren (außer durch Null). Wir setzen die entsprechenden Rechenregeln voraus.

13   Für $p = -2/3$ und $q = 7/(-4)$: welchen Wert haben die Summe $p + q$, das Produkt pq und der Quotient p/q ? ✓

1.1.3 Reelle Zahlen

Reelle Zahlen können beliebig genau durch rationale Zahlen (Brüche aus ganzen Zahlen) angenähert werden, sind aber selber meist keine rationalen Zahlen. Zur Erinnerung: eine Folge $\{q_1, q_2, \ldots\}$ rationaler Zahlen konvergiert im Sinne von Cauchy, wenn es zu jedem $\epsilon > 0$ eine natürliche Zahl N gibt, so dass $|q_i - q_j| \leq \epsilon$ gilt für alle $i, j \geq N$.

14   Man zeige, dass $q_i = 1/i$ für $i = 1, 2, \ldots$ eine Cauchy-konvergente Folge ist. ✓

Eine Folge $\{q_1, q_2 \ldots\}$ konvergiert gegen den Grenzwert $\bar{q}$, wenn es zu jedem $\epsilon > 0$ eine natürliche Zahl N gibt, so dass $|\bar{q} - q_i| \leq \epsilon$ gilt für alle $i \geq N$.

15   Man zeige, dass $q_i = 1/i$ für $i = 1, 2, \ldots$ gegen Null konvergiert.   ✓

Zu jeder Cauchy-konvergenten Folge rationaler Zahlen gehört eine reelle Zahl. Zwei Folgen charakterisieren dieselbe reelle Zahl, wenn ihre Differenz eine Nullfolge ist, eine Folge, die gegen Null konvergiert. Cauchy-konvergente Folgen aus reellen Zahlen haben immer einen Grenzwert. In diesem Sinne ist die Menge $\mathbb{R}$ der reellen Zahlen abgeschlossen.

Wie man mit reellen Zahlen rechnet, wir hier nicht geübt.

1.1.4 Komplexe Zahlen

Eine komplexe Zahl z ist aus zwei reellen Zahlen x und y zusammengesetzt, sie wird als $z = x + iy$ geschrieben. Dabei steht i für die symbolische Lösung der Gleichung $i^2 = -1$. Das kann man auch als $i = \sqrt{-1}$ schreiben. Komplexe Zahlen werden nach den üblichen Regeln addiert, subtrahiert, multipliziert und dividiert (nur nicht durch $0 = 0 + 0\,i$).

16   Für $z_1 = -1 + 2i$ und $z_2 = 3 - i$ berechne man $z_1 + z_2$, $z_1 - z_2$ und $z_1 z_2$.
✓

Zu jeder komplexen Zahl $z = x + iy$ gehört die konjugierte Zahl $z^* = x - iy$. Der Realteil x bleibt, der Imaginärteil y wechselt das Vorzeichen. Es gilt $zz^* = x^2 + y^2$, und $|z| = \sqrt{x^2 + y^2}$ ist der Betrag der komplexen Zahl z.

17   Rechnen Sie
$$\frac{z_1}{z_2} = \frac{x_1 x_2 + y_1 y_2 + i(-x_1 y_2 + y_1 x_2)}{x_2^2 + y_2^2}$$
nach.   ✓

18   Rechnen Sie z_1/z_2 aus mit $z_1 = -1 + 2i$ und $z_2 = 3 - i$.   ✓

1.2 Stetige Funktionen

Eine Funktion $f = f(x)$ ist stetig, wenn
$$\lim_{j \to \infty} f(x + h_j) = f(x) \tag{3}$$
gilt, für eine beliebige Nullfolge $\{h_1, h_2, \ldots\}$.

19   Zeigen Sie, dass $f(x) = a$ eine stetige Funktion beschreibt.   ✓

20   Zeigen Sie, dass $I(x) = x$ eine stetige Funktion beschreibt.   ✓

Dass Summen und Differenzen stetiger Funktionen stetig sind ist klar, weil Summen und Differenzen von Nullfolgen wieder Nullfolgen sind. Allgemeiner, jede Linearkombination stetiger Funktionen ist stetig, weil jede Linearkombination von Nullfolgen eine Nullfolge ist. Ebenso ist das Produkt von Nullfolgen eine Nullfolge. Das braucht man für die folgende Aufgabe:

21 f und g seien stetige Funktionen. Zeigen Sie, dass das Produkt fg ebenfalls stetig ist.   ✓

Auch der Quotient stetiger Funktionen ist stetig. Natürlich nicht an den Nullstellen des Nenners, aber dort ist der Quotient ohnehin nicht definiert.

Mit den vier Grundrechnungsarten kann man nicht nur Zahlen verknüpfen, sondern auch Funktionen. Dabei bleibt die Eigenschaft erhalten, stetig zu sein.

1.3 Differenzieren

Man wählt eine Nullfolge $\{h_1, h_2, \ldots\}$ mit $h_j \neq 0$. Die Funktion f ist bei x differenzierbar, wenn der Grenzwert

$$f'(x) = \lim_{j \to \infty} \frac{f(x + h_j/2) - f(x - h_j/2)}{h_j} \tag{4}$$

existiert und von der Nullfolge h_j nicht abhängt. Eine differenzierbare Funktion ist überall differenzierbar, die Ableitung $f' = f'(x)$ soll zudem stetig sein. Siehe hierzu die Bemerkung im Mathematikbuch.

Man kann (4) auch als Ausdruck für eine Näherung lesen. Für $f(x + h) = f(x) + hf'(x) + \ldots$ verschwindet mit $h \to 0$ der Rest selbst dann, nachdem man ihn durch h geteilt hat.

Dass die Ableitung der konstanten Funktion $1(x) = 1$ verschwindet, ist trivial. Die identische Funktion $I(x) = x$ hat die Ableitung $I'(x) = 1$, wie man sich unmittelbar klar macht. Eine Linearkombination differenzierbarer Funktionen ist ebenfalls differenzierbar; die Ableitung ist die Linearkombination der Ableitungen.

22   Man zeige, dass das Produkt differenzierbarer Funktionen wiederum differenzierbar ist.   ✓

Als Nebenergebnis dieser Aufgabe erhält man die Produktregel, nämlich $(fg)' = f'g + fg'$.

23 f sei eine differenzierbare Funktion, die in ihrem Definitionsbereich keine Nullstelle hat. Dann ist $g = 1/f$ wohl definiert. Man zeige, dass g ebenfalls differenzierbar ist.   ✓

Kombiniert mit der Produktregel ist das Nebenergebnis dieser Aufgabe die Quotientenregel, nämlich $(f/g)' = (f'g - fg')/g^2$.

So wie man reelle Zahlen addieren, subtrahieren, multiplizieren und dividieren kann (außer durch Null), so kann man reellwertige Funktionen miteinander verknüpfen. Dabei werden aus differenzierbaren Funktion wiederum differenzierbare Funktionen.

Das gilt auch für die Komposition $g \circ f$ differenzierbarer Funktionen:

24 f und g seien differenzierbare Funktionen. Man zeige, dass $(g \circ f)(x) = g(f(x))$ ebenfalls differenzierbar ist.   ✓

Dem Beweis kann man die Kettenregel ablesen: $(g \circ f)' = (g' \circ f)\, f'$.

1.4 Elementare Funktionen

Die Menge der elementaren Funktionen wird erzeugt durch die Grundfunktionen: identische Funktion I, Exponentialfunktion exp, Sinusfunktion sin und Kosinusfunktion cos. Alles, was man daraus durch Addieren, Subtrahieren, Multiplizieren, Dividieren, Verketten und Invertieren erzeugen kann, liefert eine elementare Funktion. Polynome, der Logarithmus und die Arcus-Funktionen sind Beispiele. Für die genannten Operationen gibt es Regeln, wie man die Ableitung bildet. Da die Ableitungen der Grundfunktionen elementar sind, gilt das auch für die Zusammensetzungen. Die Ableitung einer elementaren Funktion ist elementar.

Wir erinnern an $I'(x) = 1$, $\exp' = \exp$, $\sin' = \cos$ und $\cos' = -\sin$. Wir rekapitulieren außerdem, dass die Ableitung einer Linearkombination die Linearkombination der Ableitungen ist. Auch die Produktregel $(fg)' = f'g + fg'$, die Quotientenregel $(f/g)' = (f'g - fg')/g^2$ sowie die Kettenregel $(g \circ f)' = (g' \circ f)f'$ werden für die folgenden Aufgaben gebraucht.

25   Differenzieren Sie

$$G(t) = \frac{1}{\Omega} \sin(\Omega t)\, \mathrm{e}^{-\Gamma t/2}$$

nach der Variablen t.   ✓

26   An welchen Stellen ist die Funktion $f(x) = x \exp(-x^2/2)$ minimal beziehungsweise maximal?   ✓

27   Erzeugen Sie mit einem kleinen MATLAB-Programm eine grafische Darstellung der Funktion $f(x) = x \exp(-x^2/2)$.   ✓

28   Berechnen Sie die Ableitung der Funktion $f(x) = 1/(1 + x^2)$.   ✓

Wenn man die Ableitung bilden will, muss man wissen, nach welcher Variablen abzuleiten ist.

29   Leiten Sie den Ausdruck $x^2 y \sin(xy^2)$ einmal nach x, dann nach y ab.   ✓

Wir haben damit bereits auf Funktionen angespielt, die von mehr als nur einer Variablen abhängen, so wie $f(x,y) = x^2 y \sin(xy^2)$. Die Ableitungen nach dem ersten beziehungsweise nach dem zweiten Argument werden als $\partial f(x,y)/\partial x$ beziehungsweise $\partial f(x,y)/\partial y$ bezeichnet. Mehr dazu später.

30   Rechnen Sie die Ableitung der Funktion $\tan(\alpha) = \sin(\alpha)/\cos(\alpha)$ aus. $\checkmark$

Der *arcus tangens* ist als Umkehrfunktion durch $\tan(\arctan(x)) = x$ für alle x erklärt, seine Werte liegen im Intervall $(-\pi/2, \pi/2)$.

31   Berechnen Sie $\arctan'$. $\checkmark$

32   Fertigen Sie eine ganz einfache Grafik an, die die arctan-Funktion (schwarz) und ihre Ableitung (rot) im Intervall $[-10, 10]$ darstellt. Die Grafik soll als `gleffig1.eps` abgespeichert, in das `.pdf`-Format umgewandelt und danach gelöscht werden (`gl` für Grundlagen, `ef` für elementare Funktionen, darin das Bild 1). $\checkmark$

1.5 Integrieren

Integrale kann man gelegentlich analytisch berechnen, oder man muss numerische Methoden heranziehen. Der Hauptsatz der Differenzial- und Integralrechnung besagt

$$\int_a^b \mathrm{d}x\, f(x) = F(b) - F(a)\,, \tag{5}$$

wobei $F'(x) = f(x)$ gilt.

33   Berechnen Sie das Integral über $f(x) = 3x^4 - x^2 + 1$ von $a = -1$ bis $b = 2$. $\checkmark$

34   Rechnen Sie dasselbe Integral numerisch aus (mit `quadl`). Wie groß ist der Fehler? $\checkmark$

35   Rechnen Sie $I_0 = \int_0^\infty \mathrm{d}x\, \mathrm{e}^{-x}$ aus. $\checkmark$

Die Produktregel der Differenzialrechnung übersetzt man in

$$\int_a^b \mathrm{d}x\, u'(x)v(x) + \int_a^b \mathrm{d}x\, u(x)v'(x) = u(b)v(b) - u(a)v(a)\,. \tag{6}$$

36   Weisen Sie $I_{n+1} = (n+1)I_n$ nach für $I_n = \int_0^\infty \mathrm{d}x\, x^n\, \mathrm{e}^{-x}$ und $n = 0, 1, \ldots$ Damit steht $I_n = n!$ fest. $\checkmark$

37   Berechnen Sie $2 \int_0^\infty \mathrm{d}x\, x\, \mathrm{e}^{-x^2}$, indem $y = x^2$ gesetzt wird.   ✓

38   Das Integral $I = \int_0^1 \mathrm{d}x\, \sqrt{1 - x^2}$ beschreibt die Fläche eines Viertel-Einheitskreises. Rechnen Sie das mit der Substitution $x = \sin(\alpha)$ nach.   ✓

39   Berechnen Sie numerisch einmal das Integral über $\sqrt{1 - x^2}$ von 0 bis 1 und zum anderen das Integral über $\cos^2(\alpha)$ von 0 bis $\pi/2$.   ✓

40   Rechnen Sie $\int_1^x \dfrac{\mathrm{d}s}{s}$ aus.   ✓

2

Gewöhnliche Differenzialgleichungen

Unter einer gewöhnlichen Differenzialgleichung versteht man eine Beziehung zwischen einer Funktion und deren Ableitungen. Diese Beziehung kann von Ort zu Ort verschieden sein. Die gesuchte reellwertige Funktion soll von einer reellen Variablen abhängen und so oft differenzierbar sein, wie es die Differenzialgleichung verlangt. Die Differenzialgleichung hat eine ganze Schar von Lösungen, und man braucht zusätzliche Angaben, um eine eindeutige Lösung angeben zu können.

Wir beschäftigen uns zuerst mit gewöhnlichen Differenzialgleichungen erster Ordnung, weil es für eine große Klasse davon verlässliche Lösungsverfahren gibt.

Bei den gewöhnlichen Differenzialgleichungen zweiter Ordnung, die in der Physik vorrangig auftreten, gibt es deutlich weniger allgemein gültige Rezepte.

Insbesondere für die numerische Behandlung ist es wichtig zu wissen, dass eine gewöhnliche Differenzialgleichung beliebiger Ordnung immer auf ein System von gekoppelten Differenzialgleichungen erster Ordnung zurückgeführt werden kann.

Differenzialgleichungen spielen in der Physik auch deswegen eine so wichtige Rolle, weil die meisten Gesetze nichts anderes als Regeln für Veränderungen sind. Die Gesetze werden durch Differenzialgleichungen formuliert, die Lösung im Einzelfall hängt aber nicht nur vom Gesetz ab, sondern auch von Anfangs-, Neben- oder Randbedingungen.

2.1 Erste Ordnung

41 Wir haben einen Wasserbehälter mit Querschnitt Q vor Augen, der bis zur Höhe h gefüllt ist. Weil der Behälter am Boden nicht ganz dicht ist, versickern pro Sekunde $\Gamma Q h$ Kubikmeter Wasser. Außerdem gibt es eine konstante Verdunstungsrate $V^* = Qh^*$. Zudem wird über einen Schlauch die Menge $\Phi = \Phi(t)$ zugeführt oder abgezapft, gemessen in Kubikmetern pro Sekunde. Stellen Sie eine Differenzialgleichung für $h = h(t)$ auf. ✓

P. Hertel, *Arbeitsbuch Mathematik zur Physik*, Springer-Lehrbuch, 9
DOI 10.1007/978-3-642-17789-7_2, © Springer-Verlag Berlin Heidelberg 2011

42   Führen Sie die voranstehende Aufgabe auf den Prototypen $\dot{y}+\Gamma y = u(t)$ zurück. ✓

43   Lösen Sie die homogene Differenzialgleichung $\dot{y}+\Gamma y = 0$ durch Trennung der Variablen. ✓

44   Lösen Sie die nicht-lineare Differenzialgleichung $y' = 2xy^2$ mit der Anfangsbedingung $y(1) = a$. ✓

45   Der Grundzustand eines harmonischen Oszillators wird – in passenden Einheiten – durch die Differenzialgleichung $y' = -xy$ beschrieben. Wie sieht die allgemeine Lösung aus? ✓

46   Lösen Sie numerisch die Differenzialgleichung $y' = \sqrt{1 + x^2 \sin^2(y)}$ im Bereich $0 \leq x \leq 6$ und mit $y(0) = 1$. Stellen Sie das Ergebnis graphisch dar. ✓

47   Wir beziehen uns auf die voranstehende Aufgabe. Merken Sie sich das Ergebnis $y(6)$ und rechnen Sie dieselbe Differenzialgleichung von $x = 6$ zurück bis $x = 0$. Es sollte $y(0) = 1$ herauskommen. Wie gut stimmt das? ✓

48   Setzen Sie die relative Toleranz zu 10^{-9} fest. Dann wird die im voranstehenden Text besprochene Differenzialgleichung von 0 bis 6 integriert und zurück bis 0. Es sollte $y(0) = 1$ herauskommen. Wie gut stimmt das jetzt? ✓

2.2 Zweite Ordnung

49   Geben Sie Lösung der Differenzialgleichung $\ddot{y} + \Omega^2 y = 0$ an für $y(0) = 1$ und $\dot{y}(0) = 1$. ✓

50   Lösen Sie die voranstehende Differenzialgleichung numerisch mit $\Omega = 1$ von 0 bis 2π. Vergleichen Sie mit der analytischen Lösung, am besten dadurch, dass beide im gleichen Bild grafisch dargestellt werden. ✓

51   Prüfen Sie nach, dass die Einflussfunktion $G(\tau) = \dfrac{1}{\Omega}\sin(\Omega\tau)\,\mathrm{e}^{-\Gamma\tau/2}$ der homogenen Differenzialgleichung $\ddot{G} + \Gamma G + \Omega_0^2 G$ genügt und die Anfangsbedingungen $G(0) = 0$ sowie $\dot{G}(0) = 1$ erfüllt. ✓

52 $\ddot{y} + \sin(y) = 0$ beschreibt den Auslenkungswinkel eines Pendels als Funktion der Zeit. Zeigen Sie, dass die Energie $E = \dot{y}^2/2 + 1 - \cos(y)$ nicht von der Zeit abhängt. ✓

53   Nähern sie den Ausdruck für die Energie eines Pendels für den Fall, dass der Auslenkungswinkel y klein ist. Welcher Differenzialgleichung entspricht das? Wie sieht die allgemeine Lösung aus? ✓

54   Man berechne numerisch die Lösungen der Pendelgleichung für $y_0 = 0$ und $\dot{y}_0 = 1.98, 2, 2.02$, und zwar für $0 \le t \le 12$. Die relative Toleranz muss klein gewählt werden, damit man den Übergang von periodisch in labiles Gleichgewicht zum Überschlag erkennen kann. Man beachte, dass y ein Winkel im Bogenmaß ist. ✓

55   Die Lösung der Pendelgleichung für $y(0) = 0$ und $\dot{y}(0) = 2$ ist instabil. Ermitteln Sie die Lösung wie vorher mit der relativen Genauigkeit 10^{-12}, jedoch für die Zeitspanne $0 \le t \le 60$. ✓

56   Eine Rakete startet senkrecht nach oben von der Höhe $h = 0$ aus. Ihre Masse ist zeitabhängig, gemäß $m(t) = m_1 + m_2(1 - t/\tau)$. m_1 ist die Masse der Rakete, m_2 die anfängliche Masse des Treibstoffs, der mit konstanter Rate verbrannt wird. Das führt auf eine Schubkraft $f = -\bar{v}\dot{m}$. Dabei ist $\bar{v}$ die Austrittsgeschwindigkeit der Verbrennungsgase (relativ zur Rakete), eine Konstante. Prüfen Sie nach, dass das Ergebnis plausibel ist: für $m_2 = 0$ (kein Treibstoff) oder $\tau = \infty$ (der Treibstoff wird beliebig langsam verbrannt). Außerdem sollte ein Bündel gleichartiger Raketen ebenso schnell aufsteigen wie eine einzige. ✓

57   Lösen Sie die Raketengleichung numerisch für $m_1 = 100$ g, $m_2 = 80$ g, $\tau = 4.0$ s und $\bar{v} = 180$ m/s. g hat den Wert 9.8 m/s^2. In welcher Höhe hört der Antrieb auf, und welche Geschwindigkeit wurde bis dann erreicht? ✓

2.3 Mehr über gewöhnliche Differenzialgleichungen

Dass man Differenzialgleichung höherer Ordnung auf ein System von Differenzialgleichungen erster Ordnung zurückführen kann, haben wir bereits im voranstehenden Abschnitt geübt. Hier stehen Eigenwerte und die Methode der finiten Differenzen im Vordergrund.

58   Was sind die Eigenwerte Λ^2 der Differenzialgleichung $y'' = -\Lambda^2 y$ mit den Nebenbedingungen $y(0) = 0$, $y'(0) = 1$ und $y(\pi) = 0$? ✓

59   Welche Eigenwerte hat die Differenzialgleichung $y' = -i\Lambda y$, wenn man $y(0) = y(2\pi)$ verlangt? ✓

60   Rechnen Sie nach, dass $y = e^{-x^2/2}$ die Eigenwertgleichung $-y'' + x^2 y = 2\Lambda y$ erfüllt. Mit welchem Eigenwert? ✓

61   Dieselbe Eigenwertgleichung wie vorher, jetzt jedoch mit dem Ansatz $y = x\,e^{-x^2/2}$. ✓

62   Man löse die Differenzialgleichung $y'' + y = 0$ mit den Randbedingungen $y(0) = 1$ und $y(\pi) = -1$ mithilfe der Methode der finiten Differenzen. Vergleichen Sie mit der analytischen Lösung.   ✓

63   Zur voranstehenden Aufgabe: Wie weit weichen die numerisch ermittelten Funktionswerte von den richtigen Werten ab?   ✓

64   Wie verbessert sich die Genauigkeit, wenn man mit 256 anstelle von 16 Stützstellen rechnet?   ✓

3

Felder

Um die Punkte im Raum zu charakterisieren, benutzen wir ein kartesisches Koordinatensystem. Dieses Koordinatensystem kann man drehen und verschieben, es bleibt dabei ein kartesisches. Wenn man das Koordinatensystem wechselt, müssen die Felder umgerechnet werden, mit denen man die physikalischen Eigenschaften der Raumpunkte beschreibt. Wir befassen uns in der Hauptsache mit Skalar- und Vektorfeldern und ihren Ableitungen, soweit sie wieder Skalar- oder Vektorfelder sind.

Wir erörtern, wie man Wege, Flächen und Gebiete beschreibt, also ein-, zwei- oder dreidimensionale Mannigfaltigkeiten im dreidimensionalen Raum. Felder kann man über Wege, Flächen und Gebiete integrieren. Dabei muss man zwar auf eine Parametrisierung zurückgreifen, die Integrale jedoch hängen nicht von der speziellen Wahl der Parametrisierung ab. Sowohl für Wegintegrale als auch für Flächen- und Gebietsintegrale gibt es jeweils einen Satz, der den Hauptsatz der Integral- und Differenzialrechnung verallgemeinert.

3.1 Skalar- und Vektorfelder

Vorab üben wir, wie man Funktionen mit mehr als einer Variablen ableitet.

65 $f = f(t, \omega) = t\sin(\omega t)$ hängt von zwei Variablen ab, nämlich t und ω. Rechnen Sie $f_t(t, \omega) = \partial f(t, \omega)/\partial t$ sowie $f_\omega(t, \omega) = \partial f(t, \omega)/\partial \omega$ aus. ✓

Partielles Ableiten nach verschiedenen Variablen sind vertauschbare Operationen.

66 Prüfen Sie das am Beispiel $f_{t,\omega} = \partial f_t/\partial \omega = \partial^2 f/\partial t \partial \omega$ und $\partial f_{\omega,t} = \partial f_\omega/\partial t = \partial^2 f/\partial \omega \partial t$ nach. ✓

Hier eine Aufgabe zum Potenzial einer Punktmasse oder einer Punktladung:

P. Hertel, *Arbeitsbuch Mathematik zur Physik*, Springer-Lehrbuch, 13
DOI 10.1007/978-3-642-17789-7_3, © Springer-Verlag Berlin Heidelberg 2011

67   Man berechne das Gradientenfeld von $S(\boldsymbol{x}) = -1/r$ mit $r = \sqrt{x_1^2 + x_2^2 + x_3^2}$ als Abstand vom Koordinatenursprung. ✓

Felder sind rotationsfrei, wenn sie als Gradient eines Skalarfeldes geschrieben werden können.

68   Die Rotation $\boldsymbol{W} = \boldsymbol{\nabla} \times \boldsymbol{V}$ eines Vektorfeldes $\boldsymbol{V}$ verschwindet, wenn das Vektorfeld selber der Gradient eines beliebigen Skalarfeldes ist, $\boldsymbol{V} = \boldsymbol{\nabla} S$. Warum? ✓

Jetzt befassen wir uns mit einem Zentralfeld.

69   Berechnen Sie die Divergenz $D(\boldsymbol{x})$ des Vektorfeldes $\boldsymbol{V}(\boldsymbol{x}) = \boldsymbol{x} f(r)$ mit $r = \sqrt{x_1^2 + x_2^2 + x_3^2}$. ✓

70   Zur voranstehenden Aufgabe: Wie muss f gewählt werden, wenn die Divergenz überall (außer vielleicht bei $r = 0$) verschwinden soll? ✓

Ein Zentralfeld, dessen Divergenz außerhalb des Koordinatenursprunges verschwindet, muss der Gradient eines $1/r$-Potenzials sein.

71   Das Vektorfeld $V_1(\boldsymbol{x}) = -x_2 f(d)$, $V_2(\boldsymbol{x}) = x_1 f(d)$, $V_3(\boldsymbol{x}) = 0$ wickelt sich um die 3-Achse. Das Feld hat keine 3-Komponente, und es gilt $\boldsymbol{x} \cdot \boldsymbol{V} = 0$. $d = \sqrt{x_1^2 + x_2^2}$ bezeichnet den Abstand von der 3-Achse. Rechnen Sie die Rotation $\boldsymbol{W} = \boldsymbol{\nabla} \times \boldsymbol{V}$ aus. ✓

72   Zur voranstehenden Aufgabe: Wie muss f gewählt werden, wenn die Rotation überall (außer vielleicht bei $d = 0$) verschwinden soll? ✓

3.2 Wegintegrale

73   Wir betrachten einen geschlossenen Kreisweg in der $1, 2$-Ebene mit Radius R um den Koordinatenursprung. Beschreiben Sie diese Kurve $\mathcal{C}$ durch eine Parametrisierung und rechnen Sie den Tangentenvektor aus. ✓

74   Zur voranstehenden Aufgabe: Berechnen Sie die Bogenlänge des Kreisweges $\mathcal{C}$. ✓

75   Berechnen Sie das Wegintegral $\int_{\mathcal{C}} d\boldsymbol{s} \cdot \boldsymbol{V}$ mit dem Kreisweg $\mathcal{C}$ der Aufgabe 73 und dem Vektorfeld der Aufgabe 71. ✓

76   Wir beziehen uns auf die Aufgabe 67. Berechnen Sie das Wegintegral über den Gradienten $\boldsymbol{G}$ auf einem geraden Weg vom Anfangspunkt $\boldsymbol{x}_0 = (1, 0, 0)$ zum Endpunkt $\boldsymbol{x}_1 = (2, 0, 0)$. ✓

77   Vergleichen Sie das Ergebnis der voranstehenden Aufgabe mit dem Wert $S(\boldsymbol{x}_1) - S(\boldsymbol{x}_0)$. Zur Erinnerung: $\boldsymbol{G} = \boldsymbol{\nabla} S$ und $S(\boldsymbol{x}) = -1/|\boldsymbol{x}|$. ✓

Und hier ein Problem, das niemanden wirklich interessiert: wie lang ist die Sinuskurve? Wir erörtern es trotzdem, weil man daran üben kann, wie ein Problem in Gleichungen umzusetzen ist und wie man diese, wenn nötig, numerisch löst.

78   Man betrachtet den Graphen der Sinusfunktion als eine Kurve in der 1-2-Ebene. Er kann als $\boldsymbol{\xi}(\alpha) = (\alpha, \sin\alpha, 0)$ parametrisiert werden, mit $0 \leq \alpha \leq 2\pi$. Welche Bogenlänge hat dieser Graph? Vor dem Ausrechnen: geben Sie eine untere und eine obere Schranke an. ✓

79   Rechnen Sie nun die Bogenlänge aus. ✓

Natürlich lässt sich die Bogenlänge numerisch direkt ermitteln, indem man die Kurve durch nahe benachbarte Stützpunkte darstellt und die Wege zwischen den Stützpunkten als Gerade approximiert.

80   Rechnen Sie die Bogenlänge numerisch direkt aus, indem der Weg in kleine Wegstücke aus Geraden zerlegt wird. ✓

Dieses Beispiel zeigt, wie man ein beliebiges Wegintegral numerisch direkt ausrechnen kann.

3.3 Flächenintegrale und der Satz von Stokes

81   Man gebe die übliche Parametrisierung einer Kreisscheibe $\mathcal{D}$ in der 1-2-Ebene um den Koordinatenursprung an (Radius R). ✓

82   Diskutieren Sie den Rand der oben beschriebenen Kreisscheibe $\mathcal{D}$. ✓

83   Rechnen Sie für die Kreisscheibe $\mathcal{D}$ der Aufgabe 81 in der Parametrisierung (31)

- den Tangentialvektor $\boldsymbol{t}_1(r, \phi) = \partial\boldsymbol{\xi}/\partial r$
- den Tangentialvektor $\boldsymbol{t}_2(r, \phi) = \partial\boldsymbol{\xi}/\partial\phi$
- den Normalenvektor $\boldsymbol{n}(r, \phi) = \boldsymbol{t}_1 \times \boldsymbol{t}_2$

aus. ✓

84   Berechnen Sie die Fläche A einer Kreisscheibe mit Radius R als $\displaystyle\int_{\mathcal{D}} |\mathrm{d}\boldsymbol{A}|$ mithilfe der oben diskutierten Parametrisierung (Polarkoordinaten). ✓

85   Wir betrachten das Vektorfeld $\boldsymbol{W}(\boldsymbol{x}) = (0, 0, 2f(d) + df'(d))$ mit dem Abstand $d = \sqrt{x_1^2 + x_2^2}$ von der 3-Achse. Siehe die Aufgabe 71. Berechnen Sie das Flächenintegral $\int_{\mathcal{D}} \mathrm{d}\boldsymbol{A} \cdot \boldsymbol{W}$ über die oben erwähnte Kreisscheibe $\mathcal{D}$. ✓

86   Das in der voranstehenden Aufgabe betrachtete Vektorfeld $\boldsymbol{W}$ ist die Rotation des Vektorfeldes $\boldsymbol{V}(\boldsymbol{x}) = f(d)(-x_2, x_1, 0)$ mit $d = \sqrt{x_1^2 + x_2^2}$. Rechnen Sie das Wegintegral $\int_{\partial \mathcal{D}} \mathrm{d}s \cdot \boldsymbol{V}$ aus, über den Rand der Kreisscheibe $\mathcal{D}$ in den voranstehenden Aufgaben. ✓

Die Oberfläche $\mathcal{O}$ einer Kugel mit Radius R um den Koordinatenursprung wird üblicherweise durch

$$\boldsymbol{\xi}(\phi, \theta) = (R\cos\phi\cos\theta, R\sin\phi\cos\theta, R\sin\theta) \tag{7}$$

parametrisiert. Dabei variiert ϕ von $-\pi$ bis π und θ von $-\pi/2$ bis $\pi/2$. Es handelt sich um geografische Koordinaten. $\theta = 0$ ist der Äquator, $\theta > 0$ bedeutet nördlich, $\phi = 0$ ist die geografische Länge von Greenwich, und $\phi > 0$ bedeutet östlich von Greenwich. Entsprechend sind südlich und westlich erklärt.

87   Berechnen Sie die beiden Tangentialenvektoren und den Normalenvektor $\boldsymbol{n}(\theta, \phi)$ für eine Kugeloberfläche $\mathcal{O}$, die durch geografische Koordinaten parametrisiert wird. ✓

88   Berechnen Sie das Oberflächenintegral $\int_{\mathcal{O}} \mathrm{d}A \cdot \boldsymbol{V}$ für das Vektorfeld $\boldsymbol{V}(\boldsymbol{x}) = \boldsymbol{x}/|\boldsymbol{x}|^3$. Von diesem besonderen Zentralfeld war schon in der Aufgabe 67 die Rede. ✓

3.4 Gebietsintegrale und der Satz von Gauß

Wir parametrisieren die Kugel $\mathcal{K}$ mit Radius R um den Koordinatenursprung gemäß

$$\boldsymbol{\xi}(r, \phi, \theta) = (r\cos\phi\cos\theta, r\sin\phi\cos\theta, r\sin\theta), \tag{8}$$

mit $0 \leq r \leq R$, $-\pi \leq \phi \leq \pi$ und $-\pi/2 \leq \theta \leq \pi/2$. Für die Winkel haben wir die in der Geografie übliche Übereinkunft gewählt (geografische Parametrisierung).

Üblich in Mathematik und Physik ist allerdings die Parametrisierung

$$\boldsymbol{\xi}(r, \theta, \phi) = (r\cos\phi\sin\theta, r\sin\phi\sin\theta, r\cos\theta), \tag{9}$$

mit $0 \leq r \leq R$, $0 \leq \theta \leq \pi$ und $0 \leq \phi \leq 2\pi$. Der Winkel θ läuft von $\theta = 0$ (Nordpol) bis $\theta = \pi$ (Südpol).

89   Berechnen Sie die Funktionaldeterminante $\partial(\xi_1, \xi_2, \xi_3)/\partial(r, \theta, \phi)$ für die in der Physik übliche Parametrisierung. ✓

90   Diskutieren Sie die sechs Stücke des Randes einer Kugel, wie sie durch (9) parametrisiert wird. ✓

91   Berechnen Sie das Volumen einer Kugel mit Radius R in geografischer Parametrisierung . ✓

92   Dasselbe in physikalischer Parametrisierung. ✓

93   Parametrisieren Sie einen Zylinder (Höhe H) mit kreisförmigem Querschnitt (Radius R). Die Zylinderachse soll mit der 3-Achse zusammenfallen, er soll auf der 1,2-Ebene stehen. Rechnen Sie die Funktionaldeterminante aus. ✓

94   Das Zentralfeld $\boldsymbol{V}(\boldsymbol{x}) = f(r)\boldsymbol{x}$ mit $r = |\boldsymbol{x}|$ hat die Divergenz $D(\boldsymbol{x}) = 3f(r) + rf'(r)$. Rechnen Sie $\int_{\mathcal{K}} \mathrm{d}V\, D$ aus, über eine zentrierte Kugel mit Radius R. ✓

95   Wir beziehen uns auf die voranstehende Aufgabe. Rechnen Sie das Integral des Zentralfeldes $\boldsymbol{V}$ über die Oberfläche der Kugel $\mathcal{K}$ aus. ✓

96   Die Ladungsdichte eines Elektrons im Grundzustand des Wasserstoffatoms ist radialsymmetrisch und wird durch $\rho = -c\exp(-2r)$ beschrieben, mit r als Abstand vom Proton in atomaren Einheiten. Rechnen Sie die Normierungskonstante c aus, so dass die Gesamtladung gerade -1 wird (in atomaren Einheiten). ✓

4

Partielle Differenzialgleichungen

Wenn die durch ihre Veränderung beschriebene Funktion $u = u(x, y, \ldots)$ von mehr als einer Variablen abhängt, kommen die partiellen Ableitungen ins Spiel, und man spricht von partiellen Differenzialgleichungen. Wir können uns hier nur mit den allereinfachsten Problemen beschäftigen, das Gebiet ist riesig und von allergrößter Bedeutung für Naturwissenschaft und Technik.

Falls Symmetrieüberlegungen es erlauben, die partielle auf eine gewöhnliche Differenzialgleichung zurückzuführen, kann man häufig eine analytische Lösung finden. Oft ist es möglich, durch Reihenentwicklung nach einer oder mehreren Variablen den Schwierigkeitsgrad herab zu setzen.

Analytisch lösbare Aufgaben sind die Ausnahme, numerische Verfahren spielen daher eine wichtige Rolle. Wir stellen die Allerwelts-Methode der finiten Differenzen vor und das Arbeitspferd für ernsthafte Anwendungen, die Methode der finiten Elemente. Wir beschreiben auch das Crank-Nicolson-Verfahren für Anfangswertprobleme, weil es Anlass dazu gibt, nach der Stabilität eines Rechenschemas zu fragen.

4.1 Problemarten

Dieser Abschnitt eignet sich nicht für Übungsaufgaben. Lesen Sie stattdessen aufmerksame den Text im *Mathematikbuch*.

4.2 Reduktion auf gewöhnliche Differenzialgleichungen

97   Die partielle Differenzialgleichung $u_{xx} + u_{yy} = 0$ soll mit der Randbedingung $u = 1$ für $r = \sqrt{x^2 + y^2} = 1$ gelöst werden. ✓

98   Die partielle Differenzialgleichung $u_{xx} + u_{yy} + u_{zz}$ soll mit der Randbedingung $u = 1$ für $r = 1$ gelöst werden, mit $r = \sqrt{x^2 + y^2 + z^2}$. ✓

P. Hertel, *Arbeitsbuch Mathematik zur Physik*, Springer-Lehrbuch,
DOI 10.1007/978-3-642-17789-7_4, © Springer-Verlag Berlin Heidelberg 2011

Der Laplace-Operator in zwei Dimensionen wird folgendermaßen von kartesischen auf Polarkoordinaten $(x, y) = (r \cos \phi, r \sin \phi)$ umgerechnet:

$$\frac{\partial^2}{\partial x^2} + \frac{\partial^2}{\partial y^2} = \frac{\partial^2}{\partial r^2} + \frac{1}{r} \frac{\partial}{\partial r} + \frac{1}{r^2} \frac{\partial^2}{\partial \phi^2} \,. \tag{10}$$

Bearbeiten Sie die folgende Aufgaben, wenn Sie verstehen wollen, was das eigentlich bedeutet und warum es so ist.

99   Die Funktion $u = u(x, y)$ wird gemäß $U = U(r, \phi) = u(r \cos \phi, r \sin \phi)$ von kartesischen auf Polarkoordinaten umgerechnet. Ebenso $f = f(x, y)$ in $F = F(r, \phi)$. Rechnen Sie nach, dass sich die partielle Differenzialgleichung $u_{xx} + u_{yy} = f(x, y)$ in

$$U_{rr} + \frac{U_r}{r} + \frac{U_{\phi\phi}}{r^2} = F(r, \phi)$$

umrechnet. ✓

100   Wir setzen mit den üblichen Polarkoordinaten

$$u(x, y) = U(r, \phi) = \sum_{n \in \mathbb{Z}} e^{in\phi} f_n(r)$$

an, um $u_{xx} + u_{yy} = 0$ zu lösen. Welche gewöhnliche Differenzialgleichung müssen die Funktionen f_n erfüllen? Wie sieht die allgemeine Lösung aus? ✓

101   Wir beziehen uns auf die voranstehende Aufgabe. Als Randbedingungen sind $U(1, \phi) = \cos \phi$ und $U(\infty, \phi) = 0$ vorgegeben. Rechnen Sie dieses Feld aus, als $U = U(r, \phi)$ oder als $u = u(x, y)$. ✓

102   Versuchen Sie, das Ergebnis der voranstehenden Aufgabe grafisch darzustellen. ✓

103   Auf dem Rechteck $0 \leq x \leq a$ und $0 \leq y \leq b$ ist die Eigenwertgleichung $-u_{xx} - u_{yy} = \Lambda u$ zu lösen. Die Eigenlösungen sollen auf dem Rand verschwinden. ✓

104   Stellen Sie die Eigenfunktion u_{12} für $a = 2$ und $b = 1$ grafisch dar. ✓

4.3 Methode der Finiten Differenzen

Wir erinnern uns: einen Bruch aus Differenzialen nähert man durch einen Bruch aus endlichen, finiten Differenzen.

105   Nähern Sie die gewöhnliche Differenzialgleichung $f''(r) + f'(r)/r = 0$ für Stützstellen $r_j = jh$, mit $j \in \mathbb{Z}$. Die Variablen im Spiel sind $f_j = f(r_j)$. ✓

106   Wir beziehen uns auf die voranstehende Aufgabe. Lösen Sie numerisch die Differenzialgleichung mit den Randbedingungen $f(1) = 1$ und $f(2) = 2$. Vergleichen Sie grafisch mit der analytischen Lösung (Aufgabe 97).   ✓

Wir wollen in einem endlichen zusammenhängenden Gebiet Ω der xy-Ebene die parzielle Differenzialgleichung $u_{xx} + u_{yy} = 0$ numerisch lösen. Dafür soll ein rechteckiges Rechenfenster mit äquidistanten Stützstellen $(x_i, y_j) = (ih, jh)$ überzogen werden, mit ganzzahligen Indizes i, j. Variable sind durch `NaN` gekennzeichnet, Randwerte durch Zahlen. Dabei werden nur die an die Variablen angrenzenden Randwerte gebraucht.

107   Erzeugen Sie eine Matrix Ω, die das folgende Randwertproblem beschreibt. $u(x, y) = 1$ für $r = 1$, $u(x, y) = 2$ für $r = 2$. Mit r ist dabei $\sqrt{x^2 + y^2}$ gemeint. Im Inneren $1 < r < 2$ soll $u_{xx} + u_{yy} = 0$ gelten.   ✓

108   Programmieren Sie nun eine Funktion, die das durch `Omega` beschriebene Randwertproblem löst und $u = u(x, y)$ als Matrix mit Feldwerten und Randwerten abliefert.   ✓

109   Führen Sie

```
1    Omega=omega(0.025);
2    u=laplace(Omega);
```

aus und stellen Sie das Ergebnis u grafisch dar, am besten durch Höhenlinien, etwa 20 im Bereich zwischen 1 und 2.   ✓

110   Ändern Sie das Programm `laplace.m` so ab, dass auch die Poisson-Gleichung $u_{xx} + u_{yy} = f(x, y)$ gelöst werden kann.   ✓

111   Lösen Sie numerisch die Poisson-Gleichung $u_{xx} + u_{yy} = 3x$ auf dem oben beschriebenen Kreisring $1 < r < 2$ mit den Randwerten $u = 1$ für $r = 1$ und $u = 2$ für $r = 2$.   ✓

112   Zu lösen ist die partielle Eigenwertgleichung $-u_{xx} - u_{yy} = \Lambda u$ im Gebiet $0 < x < 1, 0 < y < 1$. Die Lösung soll auf dem Rand verschwinden. Ermitteln Sie numerisch die sechs kleinsten Eigenwerte. Man vergleiche mit Aufgabe 103.   ✓

4.4 Methode der Finiten Elemente

Der entsprechende Abschnitt im *Mathematikbuch* geht nicht in die Tiefe. Er vermittelt eine Übersicht und enthält den Ratschlag, sich in kommerzielle Programmpakete einzuarbeiten, zum Beispiel in den FEM-Werkzeugkasten für MATLAB. Daher gibt es auch keine Übungsaufgaben zu diesem Abschnitt.

4.5 Crank-Nicolson-Verfahren

Wir beschäftigen uns im Folgenden mit der Wärmeleitungsgleichung

$$u_t = u_{xx} \tag{11}$$

und mit der Fresnel-Gleichung

$$-iu_z = u_{xx} + \eta(x)u \,. \tag{12}$$

Es gibt also eine Ausbreitungsrichtung, die wir mit t bezeichnen (Wärmeleitungsgleichung) oder mit z (Fresnel-Gleichung). Der Querschnitt wird einfachheitshalber als eindimensional angesehen (Koordinate x).

113   Wir betrachten die Wärmeleitungsgleichung für das Gebiet $0 \leq t$ und $-1 \leq x \leq 1$. Die Randbedingung für $u = u(t,x)$ ist $u(t,-1) = u(t,1) = 0$. Die Anfangsbedingung soll $u(0,x) = \cos(x\pi/2)$ sein, sie ist mit der Randbedingung verträglich. Rechnen Sie die analytische Lösung aus. ✓

114   Stellen Sie die Lösung durch 40 Höhenlinien für $0 \leq t \leq 1.5$ grafisch dar. ✓

Wir diskretisieren die Zeit gemäß $t_n = n\tau$ und den Ort gemäß $x_m = mh$ und schreiben $u_m^n = u(t_n, x_m)$. Das Feld zur Zeit t_n fassen wir als einen Vektor $\boldsymbol{u}^n$ auf. Der Laplace-Operator soll durch die Matrix L dargestellt werden.

115   Wir beziehen uns auf die voranstehende Aufgabe. Lösen Sie das Problem numerisch durch explizites Voranschreiten, das heißt $\boldsymbol{u}^{n+1} = \boldsymbol{u}^n + \tau L\boldsymbol{u}^n = (I + \tau L)\boldsymbol{u}^n$. ✓

116   Wir beziehen uns auf das Problem 114. Lösen Sie es numerisch durch implizites Voranschreiten, das heißt $(I - \tau L)\boldsymbol{u}^{n+1} = \boldsymbol{u}^n$. ✓

Das Crank-Nicolson-Verfahren ist ein Kompromiss aus explizit vorwärts und implizit vorwärts. Man schreitet von $\boldsymbol{u}^n$ um $\tau/2$ voran und berechnet $\boldsymbol{u}^{n+1}$ so, dass man beim Zurückschreiten um $\tau/2$ gerade dieses Feld trifft.

117   Lösen Sie das Problem 114 nach dem Crank-Nicolson-Verfahren. ✓

Das Fazit dieser Studien zur Wärmeleitungsgleichung mit einer Raumdimension ist:

- Explizit vorwärts ist eigentlich zu verwerfen, weil die Zahl der erforderlichen Ausbreitungsschritte quadratisch mit der Zahl der Stützstellen für den Querschnitt (hier x) wächst. Andererseits müssen keine linearen Gleichungssystem gelöst werden. Das spart viel Rechenzeit. Die Beschränkung $2\tau < h^2$ ist allerdings immer zu beachten.

- Implizit vorwärts ist zwar immer stabil. Bei gleichem Rechenaufwand ist es jedoch viel ungenauer als das Crank-Nicolson-Verfahren.

- Das Crank-Nicolson-Verfahren ist symmetrisch bezüglich vorwärts und rückwärts und daher um eine Ordnung in h genauer als das unsymmetrische Implizit-Vorwärts-Schema. Es ist immer besser als dieses. Ob es dem Explizit-Vorwärts-Verfahren überlegen ist, hängt von den Anforderungen an die Genauigkeit und von anderen Einzelheiten ab.

118   Vergleichen Sie die Crank-Nicolson-Methode mit dem Explizit-Vorwärts-Verfahren für h=0.01. Versuchen Sie, den Fehler kleiner als 10^{-5} zu halten. Welche Zeit brauchen die Programme? ✓

Wir betrachten jetzt die Schrödinger-Gleichung für eine Raumdimension bei verschwindendem Potenzial. Das ist mathematisch dasselbe wie die Ausbreitung von Licht entlang z im freien Raum. Zu lösen ist also

$$- \mathrm{i} u_t = u_{xx} \, . \tag{13}$$

Die formale Lösung des Anfangswertproblems ist

$$u_t = \mathrm{e}^{\,\mathrm{i} t L} u_0 \, . \tag{14}$$

Dabei steht L für den Laplace-Operator, hier die zweifache partielle Ableitung nach x. Das Crank-Nicholson-Verfahren ist nichts anderes als die Näherung

$$\mathrm{e}^{\,\mathrm{i} \tau L} \approx \frac{I + \mathrm{i} \tau L/2}{I - \mathrm{i} \tau L/2} \, . \tag{15}$$

Gut zu wissen: sowohl die linke Seite als auch die Näherung sind unitäre Operatoren. Siehe hierzu die Aufgabe 160.

119   Lösen Sie das Ausbreitungsproblem (13) numerisch mithilfe des Crank-Nicolson-Verfahrens. Der Anfangswert sei $u(0,x) = \exp(-x^2)$, ein Gaußsches Wellenpaket. Die Randwerte sollen $u(t,8) = u(t,-8) = 0$ sein. Damit wird $x = \pm\infty$ durch $x = \pm 8$ genähert, dieses Intervall ist durch etwa 300 Stützstellen darzustellen. Man rechne bis $t = 2$ in Schritten von 0.02. Fertigen Sie eine Höhenlinien-Darstellung für $|u(t,x)|^2$ an. ✓

Die Gleichung (13) zieht nach sich, dass

$$\frac{\mathrm{d}}{\mathrm{d}t} \int_{-\infty}^{\infty} \mathrm{d}x\, |u(t,x)|^2 = 0 \tag{16}$$

gilt.

120   Prüfen Sie (16) nach, sowohl analytisch als auch numerisch für das in der Aufgabe 119 berechnete Feld u. ✓

Lineare Operatoren

Lineare Operatoren bilden einen linearen Raum linear in sich selber oder in einen anderen linearen Raum ab. Das heißt, dass man erst linear kombinieren und dann abbilden kann oder erst abbildet und dann linear kombiniert, mit demselben Ergebnis. Das erklären wir genauer im Abschnitt über *lineare Abbildungen*. Wir führen dann das Skalarprodukt ein, damit wird ein linearer Raum zu einem *Hilbert-Raum*. Dessen lineare Teilräume kennzeichnen wir durch *Projektoren auf Teilräume*. Die wichtige Klasse der *normalen Operatoren* ist dadurch ausgezeichnet, dass sie mit ihrem Adjungierten vertauschen. Selbstadjungierte, unitäre und positive Operatoren sind normal. Für sie kann man sehr einfach *Funktionen von Operatoren* definieren, nicht nur als konvergente Potenzreihen. Wir decken auf, was *Translationen* und die *Fourier-Transformation* miteinander zu tun haben. Der nächste Abschnitt behandelt *Ort und Impuls*, redet von Schwankungen und begründet die Heisenbergsche Unschärfebeziehung, allein mit der algebraischen Struktur der Vertauschungsregeln. Gleichfalls nur mit den Vertauschungsregeln leiten wir die Eigenschaften von *Leiter-Operatoren* her und studieren mit diesem Werkzeug die irreduziblen unitären Darstellungen der *Drehgruppe*.

5.1 Lineare Abbildungen

Ein linearer Raum ist eine Menge von Objekten, die man mit Skalaren multiplizieren und addieren kann. Die Skalare sind fast immer entweder reelle oder komplexe Zahlen. Die Objekte können Vektoren, Matrizen, Funktionen oder noch kompliziertere Sachen sein. Es gelten die üblichen Regeln, wie man Vektoren addiert und mit Skalaren multipliziert.

121 Der $\mathbb{R}^3$ mit den Vektoren $x = (x_1, x_2, x_3)$ ist ein linearer Raum. Dabei sind die x_j reelle Zahlen. $x + y$ ist durch $(x_1 + y_1, x_2 + y_2, x_3 + y_3)$ erklärt

P. Hertel, *Arbeitsbuch Mathematik zur Physik*, Springer-Lehrbuch,
DOI 10.1007/978-3-642-17789-7_5, © Springer-Verlag Berlin Heidelberg 2011

und $\alpha\boldsymbol{x}$ durch $(\alpha x_1, \alpha x_2, \alpha x_3)$, für $\alpha \in \mathbb{R}$. Deklinieren Sie die Regeln für einen linearen Raum durch. ✓

Dasselbe gilt für einen Raum aus Vektoren mit n Komponenten, und auch für komplexe Zahlen. $\mathbb{C}^n$ beispielsweise ist ein linearer Raum. Er besteht aus Vektoren, dessen n Komponenten komplexe Zahlen sind.

Polynome p sind Abbildungen $\mathbb{C} \to \mathbb{C}$ der Gestalt $p(z) = a_0 + a_1 z + \ldots + a_k z^k$ mit $z, a_0, a_1 \ldots \in \mathbb{C}$ und $k \in \mathbb{N}$. Die größte natürliche Zahl r, für die a_r nicht verschwindet, ist der Rang des Polynoms. Beispielsweise hat $p(z) = 1 + 2z - z^2$ den Rang 2. Polynome werden nach den üblichen Regeln addiert und mit Skalaren multipliziert.

122   Die Menge der Polynome vom Rang N ist <u>kein</u> linearer Raum. Warum? ✓

Das voranstehende Beispiel macht klar, dass die Menge $\mathcal{P}_N$ aller Polynome vom Rang $r < N$ ein linearer Raum ist.

123   Machen Sie sich klar, dass die Ableitung D, erklärt durch $Dp = p'$, ein linearer Operator ist, der $\mathcal{P}_N$ in $\mathcal{P}_N$ abbildet. ✓

124   Die Polynome $p_j(z) = z^j$ für $j = 0, 1, \ldots, N$ sind linear unabhängig. Warum? ✓

125   Wir beziehen uns auf die voranstehende Aufgabe. Der Ableitung D wird eine Matrix D_{jk} dadurch zugeordnet, dass $Dp_j = p_j' = \sum_k D_{jk} p_k$ gilt. Wie sieht diese Matrix aus? Achtung: die Indizes durchlaufen den Bereich $0 \le j, k \le N$. ✓

126   Dasselbe für die zweifache Ableitung D^2. Zeigen Sie, dass D^2 durch DD dargestellt wird (Matrixmultiplikation). ✓

Wir betrachten den linearen Raum $\mathbb{R}^2$, also Vektoren mit zwei reellwertigen Komponenten. Die linearen Abbildungen $\mathbb{R}^2 \to \mathbb{R}^2$ werden durch reellwertige 2×2-Matrizen vermittelt.

127   Geben Sie zwei reellwertige 2×2-Matrizen M und N an, die nicht miteinander vertauschen. ✓

128   Die Matrix

$$R(\alpha) = \begin{pmatrix} \cos\alpha & -\sin\alpha \\ \sin\alpha & \cos\alpha \end{pmatrix}$$

beschreibt eine Drehung um den Winkel α in der x_1, x_2-Ebene. Rechnen Sie $R(\alpha + \beta) = R(\alpha)R(\beta) = R(\beta)R(\alpha)$ nach. Die Formeln für $\cos(\alpha + \beta)$ sowie $\sin(\alpha + \beta)$ sind ein Nebenergebnis der Rechnung. ✓

5.2 Lineare Abbildungen im Hilbertraum

Ein linearer Raum mit Skalarprodukt ist ein Hilbertraum. Allerdings nur dann, wenn er vollständig ist. Jede Cauchy-konvergent Folge muss einen Grenzwert im Hilbertraum haben. Das ist für unendlich-dimensionale lineare Räume meist am schwierigsten zu beweisen.

129 Wir betrachten $\mathcal{P}_{[-1,1]}$, die Menge der komplexwertigen Polynome $p = p(x)$ für $x \in [0,1]$. Prüfen Sie nach, dass

$$(q,p) = \frac{1}{2} \int_{-1}^{1} \mathrm{d}x \, q^*(x) \, p(x)$$

ein Skalarprodukt definiert. ✓

Wenn wir im Folgenden nichts anderes sagen, ist unter Konvergenz immer die Konvergenz mit dem Abstand

$$\|f - g\| = \sqrt{(f - g, f - g)} \tag{17}$$

gemeint.

130 $\mathcal{P}_{[-1,1]}$ ist <u>kein</u> Hilbertraum. Es gibt im Sinne von Cauchy konvergente Folgen von Polynomen, die kein Polynom als Grenzwert haben. Denken Sie sich ein Beispiel aus. ✓

131   Geben Sie drei Polynome p_n vom Grad 0, 1 beziehungsweise 2 an, sodass $(p_j, p_k) = \delta_{jk}$ gilt, mit dem Skalarprodukt der Aufgabe 129. ✓

Übrigens, die soeben ausgerechneten zueinander orthogonalen Funktionen heißen Legendre-Polynome, wenn man sie gemäß $L_n(1) = 1$ normiert. Das sind $L_0(x) = 1$, $L_1(x) = x$, $L_2(x) = (3x^2 - 1)/2$ und so weiter. Sie spielen im Zusammenhang mit den Kugelfunktionen Y_{lm} eine Rolle.

132   Überprüfen Sie die Schwarzsche Ungleichung $|(q,p)|^2 \leq (q,q)(p,p)$ für $p(x) = x$ und $q(x) = x(1 + x)$. Wir beziehen uns auf das Skalarprodukt der Aufgabe 129. ✓

133   Wir beziehen uns auf die voranstehende Aufgabe. Überprüfen Sie die Dreiecksungleich $\|p + q\| \leq \|p\| + \|q\|$. ✓

Wir rechnen im $\mathbb{C}^2$, dem Hilbertraum der Vektoren mit zwei komplexwertigen Koeffizienten. Das Skalarprodukt für $\boldsymbol{x}, \boldsymbol{y} \in \mathbb{C}^2$ ist $(\boldsymbol{y}, \boldsymbol{x}) = y_1^* x_1 + y_2^* x_2$. Lineare Operatoren sind dann dasselbe wie komplexwertige 2×2-Matrizen.

134   Prüfen Sie anhand von

$$M = \begin{pmatrix} 1 & i \\ 0 & -1 \end{pmatrix} \quad \text{und} \quad N = \begin{pmatrix} 0 & i \\ i & 0 \end{pmatrix}$$

nach, dass $(NM)^\dagger = M^\dagger N^\dagger$ gilt. ✓

135   Unfein, aber trotzdem aussagekräftig: dasselbe numerisch. ✓

136   Wir reden von dem linearen Operator M der Aufgabe 134. Nehmen Sie sich die Vektor $\boldsymbol{x} = (-1, 2i)$ und $\boldsymbol{y} = (i, -1)$ vor und rechnen damit $\boldsymbol{x}' = M\boldsymbol{x}$ sowie $\boldsymbol{y}' = M^\dagger \boldsymbol{y}$ aus. Kommt wirklich $(\boldsymbol{y}, \boldsymbol{x}') = (\boldsymbol{y}', \boldsymbol{x})$ heraus? ✓

5.3 Projektoren auf Teilräume

Bei den nächsten Aufgaben haben wir den linearen Raum $\mathbb{R}^2$ vor Augen, mit dem üblichen Skalarprodukt $(\boldsymbol{y}, \boldsymbol{x}) = \boldsymbol{y} \cdot \boldsymbol{x} = y_1 x_1 + y_2 x_2$. Lineare Abbildungen werden durch reelle 2×2-Matrizen vermittelt. Selbstadjungiert bedeutet symmetrisch.

137   Zeigen Sie, dass

$$\Pi = \frac{1}{2} \begin{pmatrix} 1 & 1 \\ 1 & 1 \end{pmatrix}$$

ein Projektor ist. Wie sieht $\Pi' = I - \Pi$ aus? Prüfen Sie $\Pi'\Pi = 0$ nach. ✓

138   Berechnen Sie die Eigenwerte des Projektors Π der voranstehenden Aufgabe. Vor dem Rechnen: welche Eigenwerte erwarten Sie? ✓

139   Wir beziehen uns auf die voranstehende Aufgabe. Rechnen Sie die beiden (normierten) Eigenvektoren χ_1 und χ_0 aus und beschreiben Sie die zugehörigen Teilräume. ✓

140   Wir betrachten den Projektor $\Pi = \Pi(\alpha)$ im (reellen) Hilbertraum $\mathbb{R}^2$. Er soll auf eine Gerade projizieren, die durch $(\cos\alpha, \sin\alpha)$ aufgespannt wird. Konstruieren Sie $\Pi(\alpha)$. Überprüfen Sie das Ergebnis auf Glaubwürdigkeit für $\alpha = 0$, $\pi/2$ und $\pi/4$, auch für $I - \Pi(\alpha)$. ✓

141   Wir betrachten den Kreis $s \to \boldsymbol{\xi}(s) = (\cos s, \sin s)$, für $s \in [0, 2\pi]$. Wir bilden ihn linear mit

$$M = \frac{5}{4}\,\Pi(\alpha) + \frac{3}{4}\,\Pi'(\alpha)$$

ab auf $\boldsymbol{\eta}(s) = M\boldsymbol{\xi}(s)$. Stellen sie die Kurven $\boldsymbol{\xi}$ und $\boldsymbol{\eta}$ für den Winkel $\alpha = \pi/6$ (das sind 30 Grad) grafisch dar. ✓

Die folgenden Aufgaben beziehen sich auf den Hilbertraum C^n. Im $\mathbb{C}^n$ werden lineare Abbildungen durch komplexe $n \times n$-Matrizen vermittelt.

142   U sei eine unitäre Matrix: $UU^\dagger = U^\dagger U = I$. Zeigen Sie: wenn Π ein Projektor ist, dann ist $\Pi' = U\Pi U^\dagger$ wiederum ein Projektor. Außerdem: wenn die Projektoren Π_1 und Π_2 im Sinne von $\Pi_1\Pi_2$ zueinander orthogonal sind, dann gilt das auch für Π_1' und Π_2'. ✓

143   Zeigen Sie, dass der Projektor Π dieselben Eigenwerte hat wie der neue Projektor $\Pi' = U\Pi U^\dagger$. Die Matrix U ist unitär. ✓

144   $\Pi : \mathcal{H} \to \mathcal{H}$ sei ein Projektor, für $\mathcal{H} = \mathbb{C}^n$. Der lineare Teilraum $\Pi\mathcal{H}$ werde durch das Orthonormalsystem $\chi_1, \chi_2, \ldots, \chi_k$ aufgespannt. Zeigen Sie, dass die $U\chi_j$ den linearen Teilraum $\Pi'\mathcal{H}$ aufspannen, mit $\Pi' = U\Pi U^\dagger$. Die Matrix U ist unitär. ✓

5.4 Normale Operatoren

Ein linearer Operator N ist normal, wenn er mit seinem adjungierten Operator $N^\dagger$ vertauscht: $NN^\dagger = N^\dagger N$. Normale Operatoren können immer als

$$N = \sum_j \nu_j \Pi_j \tag{18}$$

dargestellt werden. Dabei beschreiben die Projektoren Π_j eine Zerlegung der Eins in paarweise orthogonale Projektoren. Das heißt $\sum_j \Pi_j = I$ und $\Pi_j\Pi_k = \delta_{jk}\Pi_j$. Die ν_j sind im Allgemeinen komplexe Zahlen.

145   Zeigen Sie, dass (18) ein normaler Operator ist. ✓

146   Überzeugen Sie sich davon, dass ein linearer Operator A mit $A = A^\dagger$ (selbstadjungiert) normal ist. Welche Eigenschaft haben die Eigenwerte? ✓

147   Überzeugen Sie sich davon, dass ein linearer Operator U mit $U^\dagger U = I$ (unitär) normal ist. Welche Eigenschaft haben die Eigenwerte? ✓

Ein linearer Operator P ist positiv (im Sinne von nicht-negativ), wenn er als $P = Z^\dagger Z$ geschrieben werden kann.

148   Zeigen Sie, dass positive Operatoren normal sind und positive (nicht-
negative) Eigenwerte haben. ✓

149   Um Vertrauen in diese sehr abstrakten Überlegungen zu gewinnen, konstruieren wir ein positive 4×4-Matrix P gemäß $P = ZZ^\dagger$ aus einer zufälligen
Matrix Z. Sind die Eigenwerte wirklich positiv? ✓

Das folgende Programm vollzieht die Zerlegung eines normalen Operators in
Eigenwerte und Projektoren numerisch nach. Es dient ausschließlich didak-
tischen Zwecken, denn bei großen Matrizen müssen sehr viele Projektoren
abgespeichert werden, was man immer vermeiden kann.

```
1    function [nu,prj]=normal(N)
2    [dim,dim2]=size(N);
3    if (dim~=dim2)
4      disp('N must be a square matrix');
5      return;
6    end;
7    if norm(N'*N-N*N')>dim*eps
8      disp('N must be normal');
9      return;
10   end;
11   [dd,ee]=eig(N);
12   for k=1:dim
13     nu(k)=ee(k,k);
14     prj(:,:,k)=dd(:,k)*dd(:,k)';
15   end;
```

Zuerst wird geprüft, ob die Matrix N auch wirklich normal ist: ist sie quadratisch? vertauscht sie mit der Adjungierten? Die MATLAB-Funktion `eig` liefert
eine Matrix `dd` ab, deren Spalten die Eigenvektoren von N sind, und eine Dia-
gonalmatrix `ee` mit den Eigenwerten. Daraus setzen wir den Vektor `nu(k)` mit
den Eigenwerten fest und bilden die Projektoren `prj(:,:,k)`. `k` läuft dabei
von 1 bis zur Dimension der Matrix N.

150   Erzeugen Sie eine zufällige selbstadjungierte 4×4-Matrix A und lassen
Sie `[a,p]=normal(A)` ausrechnen. Überzeugen Sie sich davon, dass A mit der
Summe `a(k)*p(:,:,k)` über `k=1:4` übereinstimmt. ✓

Wenn man zulässt, dass Eigenwerte mehrfach auftreten, lässt sich einen normalen Operator N eine Zerlegung der Eins in eindimensionale Projektoren
angeben. Jeder eindimensionale Projektor wird durch einen normierten Eigenvektor χ zum Eigenwert 1 gekennzeichnet, $\Pi\chi = \chi$.

151   Wir beziehen uns auf den darüber stehenden Text. Zeigen Sie, dass ein eindimensionaler Projektor Π ein beliebiges $f \in \mathcal{H}$ in $\Pi f = (\chi, f)\chi$ abbildet. ✓

Ein Dichteoperator W ist durch $W \geq 0$ und $\operatorname{tr} W = 1$ gekennzeichnet. Die Spur berechnet man mithilfe irgend eines vollständigen Orthonormalsystems $\chi_1, \chi_2, \ldots$ als

$$\operatorname{tr} W = \sum_j (\chi_j, W \chi_j) \,. \tag{19}$$

152   Zeigen Sie: die Spur eines Dichteoperators W kann alternativ als Summe über dessen Eigenwerte ausgerechnet werden, die mit der Dimension des zugehörigen Eigenraumes (Multiplizität) zu multiplizieren sind. ✓

Man sieht an dem Ergebnis, dass eine positive Wahrscheinlichkeit w_j nur mit einem endlich-dimensionalen Eigenraum $\Pi_j \mathcal{H}$ verknüpft sein kann.

5.5 Funktionen von Operatoren

Funktionen f von linearen Operatoren L kann man auf zweierlei Weise erklären.

Wenn $f(x) = c_0 + c_1 x + c_2 x^2 + \ldots$ eine Potenzreihe mit Konvergenzradius R ist, und wenn $\|L\| < R$ gilt, dann konvergiert die Potenzreihe $f(L) = c_0 + c_1 L + c_2 L^2 + \ldots$ gegen einen beschränkten linearen Operator. Im *Mathematikbuch* wird erklärt, was die Norm eines linearen Operators bedeutet und welche Rechenregeln dafür gelten.

Wenn L normal ist und die Darstellung $L = \lambda_1 \Pi_1 + \lambda_2 \Pi_2 + \ldots$ hat, mit $\Pi_1, \Pi_2, \ldots$ als Zerlegung der Eins in paarweise orthogonale Projektoren, dann ist $f(L) = f(\lambda_1)\Pi_1 + f(\lambda_2)\Pi_2 + \ldots$ für jede Funktion definiert.

Wenn beide Möglichkeiten erlaubt sind, stimmen die Ergebnisse überein.

153    $P \geq 0$ sei ein positiver Operator. Konstruieren Sie eine positive Wurzel $Z = \sqrt{P}$. ✓

Die nächsten beiden Aufgaben handeln vom Hilbertraum $\mathbb{C}^2$.

154   Man betrachtet die Matrix

$$\sigma = \begin{pmatrix} 0 & -\mathrm{i} \\ \mathrm{i} & 0 \end{pmatrix} \,.$$

Berechnen Sie $\exp(\mathrm{i}\alpha\sigma)$ als Potenzreihe. ✓

155   Wir beziehen uns auf die voranstehende Aufgabe. σ ist selbstadjungiert, also normal. Stellen Sie die Matrix als $\sigma = \lambda_1\Pi_1 + \lambda_2\Pi_2$ dar, mit reellen Eigenwerten und paarweise orthogonalen Projektoren. Rechnen Sie $\exp(i\alpha\sigma)$ als $\exp(i\lambda_1\alpha)\Pi_1 + \exp(i\lambda_2\alpha)\Pi_2$ aus.   ✓

156   Konstruieren Sie eine selbstadjungierte Matrix A aus Zufallszahlen und berechnen Sie $U = \exp(iA)$ mithilfe der Funktion `expm`.[1] Stellen Sie die Eigenwerte von U in der komplexen Zahlenebene dar.   ✓

A und B seien zwei normale Operatoren, die miteinander vertauschen. Es gibt dann eine gemeinsame Zerlegung der Eins in paarweise orthogonale Projektoren $I = \Pi_1 + \Pi_2 + \ldots$, sodass man $A = \sum \alpha_j\Pi_j$ und $B = \sum \beta_j\Pi_j$ schreiben darf.

157   Zeigen Sie, dass für zwei normale Operatoren A und B mit $[B, A] = 0$ auch $[B, f(A)] = 0$ gilt. Mit anderen Worten, wenn B mit A vertauscht, dann vertauscht es auch mit jeder Funktion $f(A)$.   ✓

158   Prüfen Sie das auch numerisch nach. Erzeugen Sie eine zufällige positive 4×4-Matrix P und berechnen Sie den Kommutator $[P, \sqrt{P}]$.   ✓

159   Zeigen Sie für zwei vertauschende normale Operatoren A und B, dass

$$\mathrm{e}^{A+B} = \mathrm{e}^A\,\mathrm{e}^B$$

gilt.   ✓

160   Im Zusammenhang mit dem Crank-Nicolson-Verfahren für Anfangswertprobleme wurde gemäß

$$\mathrm{e}^{i\tau L} \approx \frac{I + i\tau L/2}{I - i\tau L/2}$$

genähert. L ist ein selbstadjungierter Operator. Weisen Sie nach, dass auch die Näherung unitär ist.   ✓

---

[1] Diese Funktion ist viel effizienter als ein hausbackenes Programm mit unserer Funktion `normal`, macht jedoch dasselbe.

5.6 Translationen

161   Lösen Sie die Differenzialgleichung $\mathrm{d}U_t/\mathrm{d}t = -\mathrm{i}\,H$ mit der Anfangsbedingung $U_0 = I$. H soll ein selbstadjungierter linearer Operator sein. ✓

Wir betrachten den Hilbertraum $\mathcal{H} = \mathcal{L}_2(\mathbb{R})$. Das sind die auf der reellen Zahlenachse definierten komplexwertigen quadratintegrablen Funktionen,

$$\mathcal{H} = \{ f : \mathbb{R} \to \mathbb{C} \mid \int \mathrm{d}x\, |f(x)|^2 < \infty \}.$$

162   Gehört die unstetige Funktion $f(x) = 1/x$ mit $f(0) = 0$ zu $\mathcal{L}_2(\mathbb{R})$? ✓

163   Gehört die unstetige Funktion $f(x) = x^{-1/4}/(1 + |x|)$ mit $f(0) = 0$ zu $\mathcal{L}_2(\mathbb{R})$? ✓

Stetige Funktionen, die im Unendlichen rasch genug abfallen, gehören auf jeden Fall zum Hilbertraum $\mathcal{H} = \mathcal{L}_2(\mathbb{R})$. Aber auch unstetige Funktionen können dazugehören, wie das voranstehende Beispiel demonstriert. Es zeigt auch, dass der Wert, den man für f an der Unstetigkeitsstelle festsetzt, das Integral nicht beeinflusst. Ein einzelner Punkt hat das Maß 0. Zwei quadratintegrable Funktionen, die sich nur auf einer Menge vom Maß 0 unterscheiden, sind in Integralen dieselben. Eine Menge aus abzählbar vielen Punkten hat auch das Maß 0. Wer das wirklich verstehen will, muss im *Mathematikbuch* das Kapitel *Maßtheorie und Lebesgue-Integral* studieren.

164   Beschreiben Sie den größtmöglichen Definitionsbereich des Operators X, definiert durch $(Xf)(x) = xf(x)$. ✓

165   Beschreiben Sie den größtmöglichen Definitionsbereich des Operators P, definiert durch $(PF)(x) = -\mathrm{i}F'(x)$. ✓

166   Wir beziehen uns auf die voranstehende Aufgabe. Zeigen Sie, dass P symmetrisch ist im Sinne von $(PG, F) = (G, PF)$ für alle G, F im Definitionsbereich. ✓

167   Welche Lösungen hat die Eigenwertgleichung

$$P f_k = k f_k\,?$$

✓

168   Wir beziehen uns auf die Aufgabe 164. Welche Lösungen hat die Eigenwertgleichung

$$X f_a = a f_a \,?$$

✓

5.7 Fourier-Transformation

Jede quadratintegrable periodische Funktion f kann als Fourier-Reihe dargestellt werden:

$$f(x) = \sum_j f_j \, \mathrm{e}^{\mathrm{i}jx} \quad \text{mit} \quad f_j = \frac{1}{2\pi} \int_{-\pi}^{\pi} \mathrm{d}x \, \mathrm{e}^{-\mathrm{i}jx} f(x) \,. \tag{20}$$

$f(x) = f(x + 2\pi)$ ist unmittelbar ersichtlich.

169   Geben Sie die (20) entsprechende Formel für Funktionen mit $g(t) = g(t + \tau)$ an. ✓

170   Wir beziehen uns auf die voranstehende Aufgabe. Drücken Sie

$$\frac{1}{\tau} \int_0^{\tau} \mathrm{d}t \, |g(t)|^2$$

durch die Fourier-Koeffizienten g_j aus. ✓

171   Berechnen Sie die Koeffizienten der Fourier-Zerlegung für die Funktion
$f(x) = 1 - 2|x|/\pi$. Diese Funktion ist etwas bösartig, weil nicht differenzierbar,
aber immerhin stetig. ✓

172   Wir beziehen uns auf die voranstehende Aufgabe. Stellen Sie die Funktion f und die Fourier-Entwicklung mit 5 Termen grafisch dar. ✓

Und jetzt soll eine unstetige periodische Funktion in eine Fourier-Reihe ent-
wickelt werden.

173   Entwickeln Sie die 2π-periodische Funktion $h(x) = -1$ für $-\pi < x < 0$
und $h(x) = 1$ für $0 < x < \pi$ in eine Fourier-Reihe. ✓

174   Stellen Sie die 2π-periodische Sprungfunktion sowie die Fourier-Entwicklung
mit 5 beziehungsweise 25 Termen dar. ✓

175   Berechnen Sie die Fourier-Transformierte

$$\hat{f}(p) = \int \mathrm{d}x \, f(x) \, \mathrm{e}^{-\mathrm{i}px}$$

der normierten Gauß-Funktion

$$f(x) = \frac{1}{\sqrt{\pi}}\, e^{-x^2/2} \ .$$

✓

176   Berechnen Sie die Erwartungswerte $(n = 0, 1, 2)$

$$\langle\, X^n \,\rangle = \frac{1}{\sqrt{\pi}} \int \mathrm{d}x\, x^n\, e^{-x^2/2}$$

für die Normalverteilung, indem die Fourier-Transformierte differenziert wird.
✓

5.8 Ort und Impuls

Wir rechnen in diesem Abschnitt immer mit Testfunktionen $t = t(x)$. Das sind beliebig oft differenzierbare Funktionen, die im Unendlichen rascher abfallen als jede Potenz des Argumentes x. Die Menge solcher Testfunktionen ist dicht im Hilbertraum $\mathcal{L}_2(\mathcal{R})$, dem Raum aller komplexwertigen, quadratintegrablen Funktionen, die von einer reellen Variablen abhängen. 'Dicht' heißt dabei, dass jede Funktion im Hilbertraum beliebig gut durch eine Testfunktion genähert werden kann. Anders ausgedrückt, wir differenzieren und multiplizieren mit dem Argument munter drauf los.

177   Mit $(Xt)(x) = xt(x)$ und $(Pt)(x) = -\mathrm{i}t'(x)$ gilt $[X, P]t = \mathrm{i}t$. Rechnen Sie das nach. ✓

178   Rechnen Sie den Kommutator $[f(X), P]$ aus. ✓

179   Rechnen Sie $[A, BC] = B[A, C] + [A, B]C$ nach, die Jacobi-Identität.
✓

180   Rechnen Sie die Kommutator $[f(X), P^2]$ aus. ✓

181   Zeigen Sie, dass eine Vertauschungsregel $[A, B] = \mathrm{i}C$ für selbstadjungierte Operatoren A und B einen selbstadjungierten Operator C abliefert. Diskutieren Sie das Ergebnis der voranstehenden Aufgabe unter diesem Gesichtspunkt. ✓

182   Rechnen Sie

$$X_a = e^{-\mathrm{i}aP}\, X\, e^{\mathrm{i}aP}$$

aus. ✓

183 U sei ein beliebiger unitärer Operator. Zeigen Sie, dass $U^\dagger X U$ und $U^\dagger P U$ wieder die kanonische Vertauschungsregel erfüllen. ✓

184   Für

$$t(x) = e^{-x^2/2\sigma^2}$$

berechne man δX und δP und vergleiche mit der Heisenberg-Unschärfebeziehung. ✓

5.9 Leiter-Operatoren

X und P sind selbstadjungierte Operatoren, die der kanonischen Vertauschungsregel $[X, P] = iI$ gehorchen.

185   Man rechne nach, dass $A_+ = (X - iP)/\sqrt{2}$ und $A_- = (X + iP)/\sqrt{2}$ Leiteroperatoren sind, also der Vertauschungsregel $[A_-, A_+] = I$ genügen sowie $A_-{}^\dagger = A_+$ sowie $A_+{}^\dagger = A_-$ erfüllen. ✓

186   Begründen Sie, warum $N = A_+ A_-$ ein positiver Operator ist, im Sinne von nicht-negativ. ✓

187   Rechnen Sie

$$[N, A_+] = A_+ \;\; \text{sowie} \;\; [N, A_-] = -A_-$$

nach. ✓

188   Wenn $N\chi = \lambda\chi$ gilt, dann gilt auch $N A_-\chi = (\lambda - 1)A_-\chi$. ✓

Das sieht so aus, als ob es zu einem Eigenwerte λ auch Eigenwerte $\lambda - 1$, $\lambda - 2$ und so weiter geben müsste. Das ist aber ein Widerspruch zu der Feststellung, dass N ein positiver Operator ist. Es gibt daher einen Grundzustand Ω, der durch $A_-\Omega = 0$ gekennzeichnet ist.

189   Lösen Sie die Differenzialgleichung $A_-\Omega = 0$. ✓

190   Weisen Sie nach, dass die Wellenfunktionen

$$\phi_n = \frac{1}{\sqrt{n!}}(A_+)^n \Omega$$

normierte Eigenvektoren mit $N\phi_n = n\phi_n$ sind, für $n = 0, 1, 2, \ldots$ ✓

191   Drücken Sie X und P durch $A_\pm$ aus und berechnen Sie $(\Omega, X\Omega)$, $(\Omega, P\Omega)$, $(\Omega, X^2\Omega)$ und $(\Omega, P^2\Omega)$.   ✓

Das Ergebnis ist übrigens mit dem der Aufgabe 184 verträglich. $\bar{X} = \sigma X$ und $\bar{P} = P/\sigma$ erfüllen nämlich auch die kanonische Vertauschungsregel, und für reelles $\sigma \neq 0$ sind beide wiederum selbstadjungierte lineare Operatoren. Beachten Sie, dass kein einziges Integral ausgerechnet werden musste!

192   Rechnen Sie

$$\frac{P^2}{2} + \frac{X^2}{2} = N + \frac{1}{2} I$$

nach.   ✓

5.10 Drehgruppe

Drei selbstadjungierte lineare Operatoren J_1, J_2, J_3 bilden einen Drehimpuls-Vektor, wenn sie die Vertauschungsregeln

$$[J_1, J_2] = \mathrm{i} J_3 \; , \; [J_2, J_3] = \mathrm{i} J_1 \; \text{ und } \; [J_3, J_1] = \mathrm{i} J_2 \tag{21}$$

erfüllen.

193   Der Ortsvektor X und der Impulsvektor P erfüllen die kanonischen Vertauschungsregeln

$$[X_j, P_k] = \mathrm{i}\, \delta_{jk}\, I$$

sowie

$$[X_j, X_k] = 0 \;\text{ sowie }\; [P_j, P_k] = 0 \,.$$

Der Bahndrehimpuls eines Teilchens ist als $L = X \times P$ erklärt. Zeigen Sie, dass L ein Drehimpuls-Vektor ist.   ✓

194   Zeigen Sie, dass $J^2 = J_1^2 + J_2^2 + J_3^2$ mit den drei Komponenten J_k eines Drehimpuls-Vektors vertauscht.   ✓

Drei lineare Operatoren $V = (V_1, V_2, V_3)$, die mit den Drehimpuls-Operatoren gemäß

$$[J_j, V_k] = \mathrm{i} \sum_l \epsilon_{jkl} V_l$$

vertauschen, bilden einen Vektor. J selber ist ein Beispiel für einen Vektor.

195   Zeigen Sie, dass $\boldsymbol{X}$ und $\boldsymbol{P}$ Vektoren sind. Dabei soll $\boldsymbol{J} = \boldsymbol{L} + \boldsymbol{S}$ gelten. Der Spinanteil $\boldsymbol{S}$ vertauscht mit Ort und Impuls. ✓

Ein linearer Operator A, der mit den Drehimpulsoperatoren vertauscht, ist ein Skalar. $\boldsymbol{J}^2$ beispielsweise ist ein Skalar.

196   Unter den Voraussetzungen der voranstehenden Aufgabe gilt: $\boldsymbol{X}^2$ und $\boldsymbol{P}^2$ sind Skalare. Rechnen Sie das nach. ✓

197   Begründen Sie, warum 'Die Energie ist ein Skalar' und 'Die Komponenten des Drehimpulses sind Erhaltungsgrößen' dasselbe bedeutet. ✓

Der Eigendrehimpuls $\boldsymbol{S}$, oder Spin, hat mit Ort und Impuls nichts zu tun. Es gilt also $[S_j, X_k] = 0$ ebenso wie $[S_j, P_k] = 0$. Als Beitrag zum gesamten Drehimpuls erfüllen die Spin-Operatoren die Vertauschungsregeln (21).

198   Weisen Sie nach, dass die $S_k = \sigma_k/2$ die Drehimpuls-Vertauschungsregeln erfüllen, mit den drei Pauli-Matrizen

$$\sigma_1 = \begin{pmatrix} 0 & 1 \\ 1 & 0 \end{pmatrix} , \ \sigma_2 = \begin{pmatrix} 0 & -\mathrm{i} \\ \mathrm{i} & 0 \end{pmatrix} \text{ und } \sigma_3 = \begin{pmatrix} 1 & 0 \\ 0 & -1 \end{pmatrix} .$$

Rechnen Sie $\boldsymbol{S}^2$ aus. ✓

Der Bahndrehimpuls in Kugelkoordinaten wird bekanntlich durch

$$L_\pm = L_1 \pm \mathrm{i} L_2 = \mathrm{e}^{\pm \mathrm{i}\phi} \left\{ \mathrm{i} \cot\theta \frac{\partial}{\partial\phi} \pm \frac{\partial}{\partial\theta} \right\} \text{ und } L_3 = -\mathrm{i}\frac{\partial}{\partial\phi}$$

beschrieben, für $\boldsymbol{x} = r(\sin\theta\cos\phi, \sin\theta\sin\phi, \cos\theta)$. Für die Kugelfunktionen $Y_{lm} = Y_{lm}(\theta,\phi)$ gilt $L_3 Y_{lm} = m Y_{lm}$ sowie $\boldsymbol{L}^2 Y_{lm} = l(l+1) Y_{lm}$, für $l = 0, 1, 2, \ldots$ und $m = -l, -l+1, \ldots, l$.

199   Überprüfen Sie das für beispielsweise $Y_{1,0}(\theta,\phi) = -\sqrt{3/4}\cos\theta$. ✓

200   Wir setzen $v = v(x_1, x_2, x_3) = u(r) Y_{1,0}(\theta,\phi)$ mit den üblichen Polarkoordinaten r, θ, ϕ an. Welche gewöhnliche Differenzialgleichung muss man lösen, wenn $\Delta v = f$ gelten soll mit einer radialsymmetrischen Funktion f?
✓

6

Verschiedenes

Obgleich sich anhand der sachlichen Gliederung der Physik auch eine Gliederung der Mathematik dafür anbietet, gibt es doch Gegenstände, die sich nicht unverkrampft einfügen lassen oder erst einmal in einer sehr speziellen, später aber in einer erweiterten Bedeutung auftauchen.

Die *Fourier-Zerlegung* von Funktionen in harmonische Beiträge kommt an verschiedenen Stellen im *Mathematikbuch* vor, jeweils in unterschiedlichem Kontext, daher erscheint eine Übersicht angebracht.

Analytische Funktionen sind außergewöhnlich glatte Abbildungen der komplexen Zahlenebene auf sich selber, sie tauchen in der Physik an allen Stellen auf. Wir müssen uns hier leider auf die Herleitung und Anwendungen des Residuensatzes zur Berechnung von Integralen und Distributionen beschränken.

Wir erklären auch, was man unter *Tensoren* versteht, unter Objekten mit definiertem Transformationsverhalten beim Wechsel des Koordinatensystems.

Der Abschnitt über *Transformationsgruppen* bringt eine Einführung in die Gruppentheorie und behandelt ausführlicher die Galilei- sowie die Poincaré-Gruppe, die unterschiedliche Vorstellungen über Zeit und Raum mathematisch beschreiben. Wir gehen aber auch auf endliche Gruppen ein, wie man sie beispielsweise für die Beschreibung von Kristall-Symmetrien heranzieht.

Unter der Überschrift *Optimierung* behandeln wir drei Verfahren, wie die Parameter einer Kostenfunktion optimal zu wählen sind: Polynom-Regression, Minimierung quadratischer Formen und die nichtlineare Optimierung nach Nelder und Mead.

Ein weiterer Abschnitt ist der *Variationsrechnung* gewidmet. Reellwertige Funktionale, die von Funktionen oder Operatoren abhängen, kann man differenzieren und daraufhin untersuchen, für welche Argumente (also Funktionen) sie maximal, minimal oder stationär sind. Es handelt sich also um die Optimierung bei unendlich vielen Freiheitsgraden.

Die *Legendre-Transformation* wird oft in der Thermodynamik eingesetzt. Wir erklären, was man darunter genau versteht und warum konvexe in konkave Funktionen transformiert werden, und umgekehrt. Die Legendre-

P. Hertel, *Arbeitsbuch Mathematik zur Physik*, Springer-Lehrbuch,
DOI 10.1007/978-3-642-17789-7_6, © Springer-Verlag Berlin Heidelberg 2011

Transformation spielt immer dann eine Rolle, wenn die Bedeutung von Variable und Ableitung danach ausgetauscht wird.

6.1 Fourier-Zerlegung

Wie schon im *Mathematikbuch* festgestellt, ist die Fourier-Zerlegung von Zahlensätzen, Zahlenreihen und Funktionen in periodische Beiträge eines der mächtigsten Werkzeuge der rechnenden Naturwissenschaften. Weil auf einem Computer in endlicher Zeit nur endlich viel Zahlen verarbeitet werden können, richten wir unser Aufmerksamkeit auf Zahlensätze $g_0, g_1, \ldots, g_{N-1}$.

Wir nehmen an, dass die g_j Signale für die Zeitpunkte $t_j = j\tau$ sind. Dazu gehören Kreisfrequenzen $\omega_j = 2\pi j/N\tau$. Es gilt

$$G_j = \frac{1}{\sqrt{N}} \sum_{k=0}^{N-1} e^{-i\omega_j t_k} g_k \quad \text{und} \quad g_j = \frac{1}{\sqrt{N}} \sum_{k=0}^{N-1} e^{i\omega_j t_k} G_j \,. \tag{22}$$

201   Weisen Sie nach, dass $g \to G = \Omega g$ eine unitäre Abbildung im $\mathbb{C}^N$ ist.
✓

Damit steht fest, dass auch die Rücktransformation $G \to g = \Omega^\dagger g$ unitär ist.

202   Zeigen Sie, dass für den Fourier-transformierten Zahlensatz $G_j = G^*_{-j}$ gilt, wenn der ursprüngliche Satz aus reellen Zahlen g_j besteht. Insbesondere gilt $|G_j|^2 = |G_{-j}|^2$. ✓

203   Das Signal sei die Funktion $s(t) = \sin(\omega_1 t) + \sin(\omega_2 t)$ mit $\omega_1/2\pi = 11$ Hz und $\omega_2/2\pi = 15$ Hz. Tasten Sie diese Funktion 1000 Mal pro Sekunde ab und stellen das Signal für eine Sekunde dar. Simulieren Sie nun ein verrauschtes Signal, bei dem zu jedem Abtastpunkt eine gleichverteilte Zufallszahl aus dem Intervall $[-1, 1]$ zu s addiert wird. Kann man das Signal noch erkennen? ✓

204   Wir beziehen uns auf die voranstehende Aufgabe. Berechnen Sie das Spektrum des verrauschten Signals s und stellen Sie es grafisch dar. ✓

205   Wir beziehen uns auf die voranstehende Aufgabe. Erzeugen Sie dieselbe Grafik für das vierfache Rauschen. ✓

206   Wir beziehen uns auf die voranstehende Aufgabe. Erzeugen Sie dieselbe Grafik mit Signal- zu Rausch-Verhältnis von $s/n = 16$ anstelle von 4 wie in der voranstehenden Aufgabe. ✓

207   Wir sammeln Daten im Abstand von Millisekunden für einen längeren Zeitraum, sagen wir 60 Sekunden anstelle von einer Sekunde, und zwar für

das extrem verrauschte Signal aus der voranstehenden Aufgabe. Wie sieht nun das Spektrum bis zu 50 Hz aus? ✓

208   Prüfen Sie nach, wie schnell die schnelle Fourier-Transformation wirklich ist. Dafür sollte man einen Datensatz aus 10^6 zufälligen komplexen Zahlen erzeugen und ihn vorwärts und rückwärts Fourier-transformieren. Messen Sie die Zeit mit `tic` und `toc`. Überzeugen Sie sich auch von der Genauigkeit. ✓

6.2 Analytische Funktionen

Analytische Funktionen sind auf einer offenen Menge Ω der komplexen Zahlenebene erklärt. Sie sind in dieser Menge beliebig oft differenzierbar und können überall als konvergente Potenzreihe dargestellt werden, mit einem von Null verschiedenen Konvergenzradius.

209   Wir befassen uns mit der komplexen Exponentialfunktion

$$e^{iz} = e^x \left(\cos y + i \sin y\right),$$

in der üblichen Notation $z = x + iy$ mit $x, y \in \mathbb{R}$. Überzeugen Sie sich davon, dass die Cauchy-Riemann-Differenzialgleichungen erfüllt sind. ✓

210   Zeigen Sie, dass $f(z) = \mathrm{Re}\,(z) = (z + z^*)/2$ <u>keine</u> analytische Funktion ist. ✓

211    $f(z) = 1/z$ ist auf der offenen Menge $\Omega = \{z \in \mathbb{C} \mid |z| > 0\}$ erklärt. Zeigen Sie, dass die Funktion analytisch ist, weil sie die Cauchy-Riemann-Differenzialgleichung erfüllt. ✓

212    $z(\alpha) = r\,e^{i\alpha}$ für $0 \le \alpha \le 2\pi$ und mit $r > 0$ beschreibt einen Weg $\mathcal{C}$ um den Punkt $z = 0$. Rechnen Sie das Integral der analytischen Funktion $f(z) = 1/z$ über diesen Weg aus. ✓

213   Man berechne das Integral

$$\int_{-\infty}^{\infty} \frac{dx}{x^2 + 1}$$

mithilfe des Residuensatzes. ✓

214   Überprüfen Sie das Ergebnis der voranstehenden Aufgabe, indem Sie zu $f(x) = 1/(x^2 + 1)$ eine Stammfunktion suchen, zum Beispiel im Abschnitt über *Elementare Funktion* des *Mathematikbuches*. ✓

215   Berechnen Sie die Fourier-Transformierte

$$\hat{f}(k) = \int \mathrm{d}x\, \frac{\mathrm{e}^{-ikx}}{x^2 + 1} .$$

✓

216   Transformieren Sie die soeben berechnete Fourier-Transformierte wieder zurück:

$$f(x) = \int \frac{\mathrm{d}k}{2\pi}\, \mathrm{e}^{ikx}\, \pi\, \mathrm{e}^{-|k|} .$$

✓

6.3 Tensoren

Wir gehen von kartesischen Koordinaten $x^i = (x, y)$ aus und definieren Polarkoordinaten gemäß

$$f^1(x, y) = r = \sqrt{x^2 + y^2} \ \text{ sowie } \ f^2(x, y) = \phi = \arccos\left(x/\sqrt{x^2 + y^2} \right) ,$$

und zwar für $(x, y) \neq (0, 0)$ beziehungsweise für $r > 0$.

217   Berechnen Sie $F^i{}_j = \partial_j f^i$. ✓

Die Umkehrtransformation $(r, \phi) \to (x, y)$ wird durch

$$g^1(r, \phi) = x = r\cos(\phi) \ \text{ sowie } \ g^2(r, \phi) = y = r\sin(\phi)$$

beschrieben.

218   Berechnen Sie $G^i{}_j = \partial_j g^i$. ✓

219   Wir beziehen uns auf die voranstehende Aufgabe. Berechnen Sie die zur Matrix G inverse Matrix und vergleichen Sie mit der Matrix F der Aufgabe 217. ✓

Wir haben in den voranstehenden Aufgaben gezeigt, dass

$$\begin{pmatrix} \mathrm{d}x \\ \mathrm{d}y \end{pmatrix} = G \begin{pmatrix} \mathrm{d}r \\ \mathrm{d}\phi \end{pmatrix} \quad \text{sowie} \quad \begin{pmatrix} \mathrm{d}r \\ \mathrm{d}\phi \end{pmatrix} = F \begin{pmatrix} \mathrm{d}x \\ \mathrm{d}y \end{pmatrix}$$

gelten. Die Koordinaten-Differenziale transformieren sich also kontravariant.

Wir betrachten nun ein Skalarfeld $K = K(x,y)$, ausgedrückt in kartesischen Koordinaten. Es rechnet sich beim Wechsel des Koordinatensystems in Polarkoordinaten um gemäß

$$P(r, \phi) = K(g^1(r, \phi), g^2(r, \phi)) \,.$$

Die Funktion K beschreibt das Skalarfeld in kartesischen Koordinaten, die Funktion P dasselbe Feld in Polarkoordinaten.

220 Zeigen Sie, dass

$$\begin{pmatrix} \partial_r P \\ \partial_\phi P \end{pmatrix} = G \begin{pmatrix} \partial_x K \\ \partial_y K \end{pmatrix}$$

gilt. Mit anderen Worten: der Gradient transformiert sich als kovarianter Vektor. ✓

221 Weil der Gradient sich kovariant transformiert, gilt umgekehrt auch

$$(\partial_x K, \partial_y K) = (\partial_r P, \partial_\phi P)\, F \,.$$

Wie sieht das konkret aus? Überlegen Sie sich einige Überprüfungen auf Plausibiltät. ✓

Die Summe über einen kontravarianten Index und eine kovarianten Index verhält sich wie ein Skalar, so wie in $\mathrm{d}S = \mathrm{d}x^j \partial_j S$ für ein Skalarfeld S.

222 Prüfen Sie das für die Funktionen $K = K(x,y)$ und $P = P(r, \phi)$ nach, die dasselbe Skalarfeld beschreiben, einmal in kartesischen, dann in Polarkoordinaten. ✓

223 Wie rechnet sich der Skalar $\mathrm{d}s^2 = \mathrm{d}x^2 + \mathrm{d}y^2$ in Polarkoordinaten um? ✓

Kugelkoordinaten r, θ, ϕ sind durch

$$x = r \sin\theta \cos\phi \;,\; y = r \sin\theta \sin\phi \;\text{ und }\; z = r \cos\theta$$

definiert, mit $0 < r$, $0 \le \theta \le \pi$ und $0 \le \phi < 2\pi$. Dabei sind die x, y, z kartesische Koordinaten mit $ds^2 = dx^2 + dy^2 + dz^2$.

224   Rechnen Sie den Skalar ds^2 auf Kugelkoordinaten um.   ✓

6.4 Transformationsgruppen

Eine <u>umkehrbare</u> Abbildung $T : X \to X$ einer Menge X auf sich selber bezeichnet man als Transformation. In der Tat wird die Menge nicht verändert, sondern nur umgeformt. Transformationen kann man nacheinander ausführen (komponieren), das definiert die Verknüpfung von Transformationen. Die identische Abbildung I ist die Eins. Damit bilden Transformationen eine Gruppe. Wir konzentrieren uns hier auf die Drehgruppe des dreidimensionalen Raumes.

In der folgenden Aufgaben schreiben wir die Abbildungen als $x \to y = T(x)$, also als Funktionen.

225   Zeigen Sie, dass $T_3 \circ (T_2 \circ T_1) = (T_3 \circ T_2) \circ T_1$ gilt und weisen Sie $IT = TI$ nach.   ✓

Wir gehen nun zur Operatorschreibweise $x \to y = Tx$ über.

226   Bilden die linearen Abbildungen $L : \mathbb{R}^3 \to \mathbb{R}^3$ eine Gruppe? Schließlich ist die Komposition (Nacheinanderausführen) linearer Abbildungen wieder eine lineare Abbildung. Und eine Eins ist auch vorhanden.   ✓

227   Drehungen des $\mathbb{R}^3$ sind lineare Transformationen. Sie erhalten die Länge

$$|x| = \sqrt{x_1^2 + x_2^2 + x_3}\,.$$

Welche Einschränkung bedeutet das für die Matrizen R? Zeigen Sie, dass die Drehungen eine Gruppe bilden.   ✓

Die Drehgruppe des dreidimensionalen Raumes wird üblicherweise als $O(3)$ bezeichnet, weil sie durch orthogonale Matrizen vermittelt wird.

228   Echte Drehungen sind durch Drehmatrizen R mit $\det(R) = 1$ ausgezeichnet. Zeigen Sie, dass die echten Drehungen eine Untergruppe der $O(3)$ bilden, die Gruppe $SO(3)$. ✓

229   Sei I die identische Abbildung im $\mathbb{R}^3$. $-I$ bezeichnet man als Raumspiegelung. Zeigen Sie, dass $S = \{I, -I\}$ eine Untergruppe von $O(3)$ ist. ✓

230   Geben Sie die Matrizen R_1, R_2, R_3 an, die ein Drehung[1] um den Winkel α beschreiben, und zwar um die 1-, 2- und 3-Achsen. ✓

231   Wir beziehen uns auf die voranstehende Aufgabe. Entwickeln Sie die Drehmatrizen für kleine Winkel α, also gemäß $R_i(\alpha) = I + \mathrm{i}\alpha L_i + \ldots$ Prüfen Sie $[L_1, L_2] = \mathrm{i}L_3$ und so weiter nach. Überprüfen Sie, dass die L_i selbstadjungierte Operatoren beschreiben. ✓

232   Rechnen Sie $R_1(\alpha) = \mathrm{e}^{\mathrm{i}\alpha L_1}$ aus. Es genügt $L_1{}^2$ und $L_1{}^3$ zu berechnen. ✓

Die Beziehungen $L_i{}^3 = L_i$ gelten nur für den dreidimensionalen Raum. Man beachte, dass wir zwischendurch mit komplexen Zahlen gerechnet haben. Die Drehmatrizen sind jedoch reell.

6.5 Optimierung

Eine Kostenfunktion $K = K(\boldsymbol{p})$ hängt von Parametern $\boldsymbol{p} = (p_1, p_2, \ldots, p_N)$ ab. Für welchen Parametersatz sind die Kosten am geringsten? So lautet die typische Optimierungsaufgabe für endliche viele Parameter. Im nächsten Abschnitt befassen wir uns mit dem Fall, dass die Kosten von einer Funktion abhängen, also von unendlich vielen Parametern. In den Naturwissenschaften und verwandten Fächern sind die Kosten meist Fehler, die man so klein wie möglich halten möchte.

233   Wenn N Datenpunkte (x_i, y_i) auf einer Geraden $f(x) = a + bx$ liegen sollten, spricht man von linearer Regression, um die optimale Gerade zu ermitteln. Dabei wird die Kostenfunktion

$$K(a, b) = \sum_{i=1}^{N} (y_i - a - bx_i)^2$$

---

[1] Das Koordinatensystem wird gedreht. $R_3(\alpha)$ macht aus dem alten Vektor $(1, 0, 0)$ den neuen Vektor $(\cos\alpha, -\sin\alpha, 0)$.

verwendet (Methode der kleinsten Fehlerquadrate). Geben Sie an, wie man a und b ausrechnet, indem $\partial K/\partial a = 0$ und $\partial K/\partial b = 0$ gesetzt wird. ✓

234   Das folgende Programm erzeugt einen Satz verrauschter Daten. Passen Sie diese durch lineare Regression an. Stellen Sie die Datenpunkte sowie die ursprüngliche und auch die wiederhergestellte Gerade grafisch dar.

```
1    aa=1;
2    bb=-1;
3    N=50;
4    x=(1:N)/N+0.2*randn(1,N);
5    y=aa+bb*x+0.2*randn(1,N);
```
✓

235   Gehen Sie von dem Datensatz (x, y) der voranstehenden Aufgabe aus. Jedoch sollen die Daten nicht an eine Gerade, sondern an eine Parabel angepasst werden. Erzeugen Sie ein Bild mit den verrauschten Daten, der ursprünglichen Geraden und mit der bestangepassten Parabel. ✓

236   Ergänzen Sie die Programme zu den beiden voranstehenden Aufgaben derart, dass auch die Standardabweichung ausgedruckt wird. Weil die lineare Funktion eine spezielle quadratische ist (mit dem Koeffizienten 0 vor x^2), sollte die Anpassung an eine Parabel besser sein. Stimmt das? ✓

Die voranstehenden Aufgaben hatten mit der Anpassung von Messdaten an eine Gerade oder an eine Parabel zu tun, lineare oder quadratische Regression. Die MATLAB-Funktion `polyfit` löst die Aufgabe analytisch. Die Kostenfunktion ist quadratisch in den Polynom-Koeffizienten, die Ableitung danach linear. Das entsprechende Gleichungssystem kann leicht gelöst werden. Schwieriger wird es wenn, die Parameter des Modells nicht mehr quadratisch in die Kostenfunktion eingehen. Dann hilft nur rohe Gewalt. Wir demonstrieren das für die Anpassung von Messdaten an eine Lorentz-Kurve.

Wir gehen von dem Modell

$$f(x) = u + \frac{hb^2}{(x - a)^2 + b^2}$$

aus. Das ist eine Lorentzkurve über einem Untergrund. u ist der Untergrund, h bezeichnet die Höhe des Peaks bei $x = a$, und b ist ein Maß für die Breite.

237   Wir fassen `p=[u,h,a,b]` zu einem Parametervektor zusammen. Schreiben Sie eine MATLAB-Funktion

```
y=lorentz(p,x)
```

die diesen funktionalen Zusammenhang widerspiegelt. Programmieren Sie außerdem eine Funktion

```
mf=misfit(p,x,y)
```

die den größten Fehler $\max_k |y_k - f(x_k)|$ berechnet, wobei die Funktion f von den Parametern p abhängt.

✓

238   Wir befassen uns mit der Lorentz-Kurve

$$f(x) = 1 + \frac{1}{x^2 + 1}\,.$$

$x = [-4, 4]$ soll durch 128 Stützstellen dargestellt werden. Sowohl x als auch $f(x)$ sollen künstlich verrauscht werden, indem man normal-verteilte Zufallszahlen addiert (Standardabweichung 0.1). Diese simulierten 'Messwerte' sollen dann an eine Lorentz-Kurve angepasst werden. Stellen Sie das Ergebnis grafisch dar: die Originalkurve, die Messwerte, die Anpassung. ✓

Bei der Regression durch Polynome ist man darauf angewiesen, dass der Fehler in der L_2-Norm gemessen wird, also durch die Summe der Quadrate aus den Fehlern. Wir haben soeben den Fehler in der Supremumsnorm gemessen. Die betragsmäßig größte Abweichung zwischen Soll- und Istwerten gilt als der Fehler. Man kann auch die L_1-Norm heranziehen, die Summe der Absolutwerte der Abweichungen zwischen Soll- und Istwerten.

239   Wiederholen Sie die voranstehende Aufgabe mit der L_2-Norm und mit der L_1-Norm als Maß für die Fehlanpassung. Achten Sie auf

```
rand('state',0);
```

um jeweils mit denselben simulierten Messdaten zu rechnen. ✓

240   Befragen Sie die Dokumentation über die voreingestellten Abbruchbedingungen des Simplex-Verfahrens nach Nelder und Mead.

Bauen Sie in das Programm der Aufgabe 237 die Anweisung

```
options=optimset('TolX',1e-5);
```

ein und ändern sie den Aufruf des Optimierungsprogramms in

```
[qq,err]=fminsearch(mf,p,options);
```

ab. Ändert sich etwas? ✓

6.6 Variationsrechnung

Im *Mathematikbuch* wird begründet, warum die Gerade die kürzeste Verbindung zwischen zwei Punkten ist. Auch, warum die Oberfläche eines mit einer Flüssigkeit gefüllten Gefäßes eine waagerechte Ebene ist. Wir sind auch auf die Lagrange-Bewegungsgleichungen der Mechanik eingegangen und haben nachgewiesen, dass der Gibbs-Zustand bei vorgegebener inneren Energie die Entropie im System maximiert. Das soll nun durch einige Übungsbeispiele vertieft werden.

241   Man betrachtet in der x, z-Ebene ein Seil oder eine Kette mit beliebig kurzen Kettengliedern. σ sei die Masse pro Längeneinheit, die Schwerkraft wirkt in $-z$-Richtung. Der Graph $z = z(x)$ beschreibt die Form diese Kette, die bei (x_1, z_1) und (x_2, z_2) befestigt ist. Man schreibe einen Ausdruck für die Länge L der Kette an und einen Ausdruck für die potenzielle Energie E. ✓

242    $\Phi(z) = E(z) + g\sigma z_0 L(z)$ ist eine Linerkombination der entsprechenden Funktionale, mit z_0 als einem Lagrange-Parameter. Setzen Sie die Frechét-Ableitung $\delta_v\Phi(z)$ gleich Null und wandeln Sie v' in v um. Welche Variationsgleichung ergibt sich? ✓

243   Rechnen Sie nach, dass für $f(x) = z(x) - z_0$ die Differenzialgleichung

$$f'' f - f'^{\,2} = 1$$

gilt. ✓

244   Geben Sie die allgemeine Lösung dieser gewöhnlichen nichtlinearen Differenzialgleichung an. Man spricht auch von der Kettenlinie.[2] ✓

245   Wir beschreiben ein Gebiet durch $0 \le r \le R(\theta, \phi)$, mit Polarkoordinaten r, θ, ϕ. Geben Sie Ausdrücke für das Volumen $V(R)$ und die Oberfläche $S = S(R)$ an. ✓

246   Bei welcher Funktion $R = R(\theta, \phi)$ ist das Funktional

$$\Phi(R) = V(R) - \frac{r_0}{2} S(R)$$

stationär? r_0 ist ein Lagrange-Multiplikator. ✓

---

[2] Katenoide

247   Wir beziehen uns auf die voranstehende Aufgabe. Warum handelt es sich eigentlich bei der Kugel um das Gebiet mit der <u>kleinsten</u> Oberfläche? Dafür muss man $\delta_v \delta_v S(R)$ bei $R\theta, \phi) = r_0$ ausrechnen. Ist das Ergebnis positiv, dann handelt es sich um ein Minimum. Denn in erster Ordnung ändert sich ja das Volumen nicht. ✓

248   Die freie Energie eines thermodynamischen Systems in einem beliebigen Zustand W ist durch

$$F(T,W) = \operatorname{tr} W\{H + k_{\mathrm{B}} T \ln W\}$$

gegeben. T ist die Umgebungstemperatur, k_{B} die Boltzmann-Konstante und H die Energie-Observable des Systems, der Hamilton-Operator. Der gemischte Zustand W ist gemäß

$$I(W) = \operatorname{tr} W I = 1$$

normiert. Für welchen Zustand G ist die freie Energie $W \to F(T,W)$ minimal? ✓

6.7 Legendre-Transformation

Die Legendre-Transformation formt eine Funktion so um, dass die Rollen von Variable und Ableitung ausgetauscht werden. Wir üben das hier anhand der üblichen thermodynamischen Potenziale für ein verdünntes Gas aus Atomen, wenn auch anonymisiert.

249   Sei

$$f(t,v) = -\frac{3}{2} t \ln t - t \ln v \,,$$

definiert für $t > 0$ und $v > 0$. Es handelt sich um die freie Energie, die von der Temperatur t und dem Volumen v abhängt. Berechnen Sie

$$s(x,y) = -\partial_t f(t,v) \,,$$

das ist die Entropie, und

$$p(x,y) = -\partial_v f(t,v) \,,$$

den Druck. Es gilt also $\mathrm{d}f = -s\mathrm{d}t - p\mathrm{d}v$.   ✓

250   Rechnen Sie nach, dass $t \to f(t,v)$ immer konkav und $v \to f(t,v)$ immer konvex ist.   ✓

251   Berechnen Sie die innere Energie $u = u(s,v) = f + ts$ als Legendre-Transformierte der freien Energie in Bezug auf die Temperatur. Es gilt also $\mathrm{d}u = t\mathrm{d}s - p\mathrm{d}v$. Rechnen Sie auch $t = t(s,v)$ und $p = p(s,v)$ aus. Zur Kontrolle: stimmt $pv = t$?   ✓

252   Berechnen Sie das Gibbspotenzial $g = g(t,p) = f + pv$ als Legendre-Transformierte der freien Energie in Bezug auf das Volumen. Es gilt also $\mathrm{d}g = -s\mathrm{d}t + v\mathrm{d}p$. Rechnen Sie auch $s = s(t,p)$ und $v = v(t,p)$ aus. Zur Kontrolle: stimmt $pv = t$?   ✓

253   Berechnen Sie die Enthalpie $h = h(s,p) = f + st + pv$ als Legendre-Transformierte der freien Energie in Bezug auf Temperatur und Volumen. Es gilt also $\mathrm{d}h = t\mathrm{d}s + v\mathrm{d}p$. Rechnen Sie auch $t = t(s,p)$ und $v = v(s,p)$ aus. Zur Kontrolle: stimmt $pv = t$? Hinweis: Sie können auch $h = u - pv$ oder $h = g + st$ berechnen.   ✓

254   Zeigen Sie, dass $t,p \to g(t,p)$ konkav ist. Dafür muss man die Matrix

$$\Gamma = \begin{pmatrix} \dfrac{\partial^2 g}{\partial t \partial t} & \dfrac{\partial^2 g}{\partial t \partial p} \\[2ex] \dfrac{\partial^2 g}{\partial p \partial t} & \dfrac{\partial^2 g}{\partial p \partial p} \end{pmatrix}$$

ausrechnen und nachweisen, dass beide Eigenwerte negativ sind. Hinweis: Die Spur einer Matrix stimmt mit der Summe der Eigenwerte überein, die Determinante ist das Produkt der Eigenwerte. Temperatur t und Druck p sind immer positiv.   ✓

255   Manche Autoren bevorzugen einen Zugang zur Thermodynamik, der die Entropie als Funktion der inneren Energie und der äußeren Parameter (hier: Volumen) an den Anfang stellt. Berechnen Sie im Sinne der voranstehenden Aufgaben die Entropie eines verdünnten Gases aus identischen Atomen, also $s = s(u,v)$. Es gilt $t\mathrm{d}s = \mathrm{d}u + p\mathrm{d}v$.   ✓

256   Weisen Sie nach, dass $u,v \to s(u,v)$ konkav ist.   ✓

A

Lösungen

A.1 Grundlagen

1   Sei $A = \{0, 1, \ldots, 15\}$ und $B = \{0, 1\}$. Gilt $B \in A$? $\diamond$

Nein. Eine Zahlenmenge kann nicht Element einer Zahlenmenge sein. ✓

2   Sei $A = \{0, 1, \ldots, 15\}$. Was ist richtig: $\{5\} \in A$ oder $5 \in A$? $\diamond$

Natürlich $5 \in A$. Die Menge $\{5\}$, selbst wenn sie nur ein Element enthält, kann nicht Element einer Zahlenmenge sein. ✓

3   Sei $A = \{0, 1, \ldots, 15\}$ und $B = \{0, 1\}$. Gilt $B \subseteq A$? $\diamond$

Ja. ✓

4   Sei $A = \{1, 2 \ldots, 15\}$ und $B = \{0, 1\}$. Gilt $B \subseteq A$? $\diamond$

Nein. ✓

5   Sei $A = \{0, 1, \ldots, 15\}$ und $B = \{1, 2, 19\}$. Was ist $A \cap B$? $\diamond$

$\{1, 2\}$ ✓

6   Sei $A = \{0, 1, \ldots, 15\}$ und $B = \{1, 2, 19\}$. Was ist $A \cup B$? $\diamond$

$\{0, 1, \ldots, 15, 19\}$ ✓

7   Sei $A = \{0, 1, \ldots, 15\}$ und $B = \{2, 3, 16, 19\}$. Was ist $A \backslash B$? $\diamond$

$\{0, 1, 4, \ldots, 15\}$ ✓

8   Ahmed Sulyman (p) ist Ausländer, wohnt in Bayern und ist Physiker. Beschreiben Sie Ihn möglichst genau durch einen Ausdruck $p \in D$, wobei D aus A (ist Ausländer), B (wohnt in Bayern) und C (ist Chemiker) zusammengesetzt wird. $\diamond$

P. Hertel, *Arbeitsbuch Mathematik zur Physik*, Springer-Lehrbuch,
DOI 10.1007/978-3-642-17789-7, © Springer-Verlag Berlin Heidelberg 2011

$p \in (A \cap B)\backslash C$ ✓

9   Prüfen Sie (1) nach mit $A = \{1, \ldots, 10\}$, $B = \{0, 4, 5\}$ und $C = \{4, 9, 16\}$.
◇

$B \cup C = \{0, 4, 5, 9, 16\}$
$A\backslash B = \{1, 2, 3, 6, 7, 8, 9, 10\}$
$A\backslash C = \{1, 2, 3, 5, 6, 7, 8, 10\}$
$A\backslash(B \cup C) = \{1, 2, 3, 6, 7, 8, 10\}$
$(A\backslash B) \cap (A\backslash C) = \{1, 2, 3, 6, 7, 8, 10\}$
Richtig gerechnet. ✓

10   Dasselbe für (2), mit den Mengen wie vorher. ◇

$B \cap C = \{4\}$
$A\backslash B = \{1, 2, 3, 6, 7, 8, 9, 10\}$
$A\backslash C = \{1, 2, 3, 5, 6, 7, 8, 9, 10\}$
$A\backslash(B \cap C) = \{1, 2, 3, 5, 6, 7, 8, 9, 10\}$
$(A\backslash B) \cup (A\backslash C) = \{1, 2, 3, 5, 6, 7, 8, 9, 10\}$
Richtig gerechnet. ✓

11   Übersetzen Sie (2) in einen Text mit 'ist Ausländer', 'wohnt in Bayern' und 'ist Chemiker'. ◇

Die Rede ist von Ausländern. Dabei sind die in Bayern wohnenden Chemiker ausgenommen. Solche Personen sind entweder außerhalb Bayerns wohnende Ausländer oder sie sind Ausländer mit einem anderen Beruf als Chemiker. ✓

12   Begründen Sie, warum $A\backslash A = \emptyset$ gilt. ◇

Es gibt kein Element, das in A vorkommt und zugleich in A nicht vorkommt. Die Menge solcher Elemente ist leer. ✓

13   Für $p = -2/3$ und $q = 7/(-4)$: welchen Wert haben die Summe $p + q$, das Produkt pq und der Quotient p/q ? ◇

$-29/12$, $7/6$, $8/21$ ✓

14   Man zeige, dass $q_i = 1/i$ für $i = 1, 2, \ldots$ eine Cauchy-konvergente Folge ist. ◇

$\epsilon > 0$ sei vorgegeben. Man wählt eine natürliche Zahl N, so dass $N \geq 2/\epsilon$ gilt. Nun kann man für beliebige $i, j \geq N$ abschätzen:

$$|1/i - 1/j| \leq |1/i| + |1/j| \leq 2/N \leq \epsilon. \tag{23}$$

Genau das war nachzuweisen. ✓

15   Man zeige, dass $q_i = 1/i$ für $i = 1, 2, \ldots$ gegen Null konvergiert. ◇

$\epsilon > 0$ sei vorgegeben. Man wählt eine natürliche Zahl N, so dass $N \geq 1/\epsilon$ gilt. Nun kann man für beliebige $i \geq N$ abschätzen:

$$|0 - 1/i| = |1/i| \leq 1/N \leq \epsilon. \tag{24}$$

Es handelt sich also um eine Nullfolge. ✓

16   Für $z_1 = -1 + 2\mathrm{i}$ und $z_2 = 3 - \mathrm{i}$ berechne man $z_1 + z_2$, $z_1 - z_2$ und $z_1 z_2$. ◇

$2 + \mathrm{i}$, $-4 + 3\,\mathrm{i}$, $-3 + 4\,\mathrm{i}$ ✓

17   Rechnen Sie

$$\frac{z_1}{z_2} = \frac{x_1 x_2 + y_1 y_2 + \mathrm{i}(-x_1 y_2 + y_1 x_2)}{x_2^2 + y_2^2}$$

nach. ◇

Man muss den Bruch z_1/z_2 mit z_2^* erweitern, das heißt, Zähler und Nenner damit multiplizieren. ✓

18   Rechnen Sie z_1/z_2 aus mit $z_1 = -1 + 2\mathrm{i}$ und $z_2 = 3 - \mathrm{i}$. ◇

$(-1 + \mathrm{i})/2$ ✓

19   Zeigen Sie, dass $f(x) = a$ eine stetige Funktion beschreibt. ◇

Das ist trivial, denn $f(x + h_j) = a$ konvergiert mit $j \to \infty$ gegen $a = f(x)$. ✓

20   Zeigen Sie, dass $I(x) = x$ eine stetige Funktion beschreibt. ◇

Wegen $I(x + h_j) - I(x) = h_j$ handelt es sich um eine Nullfolge, das heißt, $I(x + h_j)$ konvergiert gegen $I(x)$. ✓

21   f und g seien stetige Funktionen. Zeigen Sie, dass das Produkt fg ebenfalls stetig ist. ◇

Man wählt eine Stelle x, eine Abweichung h und definiert $\delta = f(x + h) - f(x)$ sowie $\eta = g(x+h) - g(x)$. Mit $h \to 0$ gilt auch $\delta, \eta \to 0$, weil f und g bei x stetig sind. Man berechnet $f(x+h)g(x+h) - f(x)g(x) = \delta g(x) + f(x)\eta + \delta\eta$. Mit Mit $h \to 0$ verschwindet die rechte Seite. Damit ist bewiesen, dass $x \to f(x)g(x)$ eine stetige Funktion ist. ✓

22   Man zeige, dass das Produkt differenzierbarer Funktionen wiederum differenzierbar ist. ◇

Wir schreiben $f(x+h) = f(x) + hf'(x) + \delta$, wobei mit $h \to 0$ der Rest δ selbst dann gegen Null konvergiert, wenn man ihn durch h geteilt hat. Dasselbe für g mit dem Rest η. Die Differenz $f(x + h)g(x + h) - f(x)g(x)$ besteht aus drei Termen. Der erste ist $h\{f'(x)g(x) + f(x)g'(x)\}$. Der zweite Terms ist $\delta\{g(x) +$

$hg'(x)+\eta\}$. Er verschwindet bei $h \to 0$ selbst dann, wenn man vorher durch h geteilt hat. Dasselbe gilt für den dritten Term, nämlich $\eta\{f(x)+hf'(x)+\delta\}$. Damit steht fest, dass fg bei x die Ableitung $(fg)'(x) = f'(x)g(x)+f(x)g'(x)$ hat. Das ist eine stetige Funktion, daher ist fg differenzierbar. ✓

23 f sei eine differenzierbare Funktion, die in ihrem Definitionsbereich keine Nullstelle hat. Dann ist $g = 1/f$ wohl definiert. Man zeige, dass g ebenfalls differenzierbar ist. ◇

Mit $f(x + h) = f(x) + hf'(x) + \delta$ berechnet man für $g(x + h) - g(x)$ einen Bruch. Der Zähler ist $-hf'(x) - \delta$, der Nenner $f(x)\{f(x) - hf'(x) + \delta\}$. Teilt man durch h und schickt $h \to 0$, dann erhält man $g'(x) = -f'(x)/f(x)^2$. ✓

24 f und g seien differenzierbare Funktionen. Man zeige, dass $(g \circ f)(x) = g(f(x))$ ebenfalls differenzierbar ist. ◇

Beweisidee: $f(x + \mathrm{d}x) = f(x) + \mathrm{d}f$ mit $\mathrm{d}f = \mathrm{d}x\, f'(x)$ und $g(f(x) + \mathrm{d}f) = g(f(x)) + \mathrm{d}f\, g'(f(x))$. ✓

25   Differenzieren Sie

$$G(t) = \frac{1}{\Omega} \sin(\Omega t)\, \mathrm{e}^{-\Gamma t/2}$$

nach der Variablen t. ◇

$$\dot{G}(t) = \left\{ \cos(\Omega t) - \frac{\Gamma}{2\Omega} \sin(\Omega t) \right\}\, \mathrm{e}^{-\Gamma t/2} . \tag{25}$$

✓

26   An welchen Stellen ist die Funktion $f(x) = x \exp(-x^2/2)$ minimal beziehungsweise maximal? ◇

Man berechnet $f'(x) = (1-x^2) \exp(-x^2/2)$ und $f''(x) = (x^3-3x) \exp(-x^2/2)$. $f'(x) = 0$ führt auf $x = 1$ und $x = -1$. Wegen $f''(1) = -2$ handelt es sich bei der ersten Lösung um ein Maximum, wegen $f''(-1) = 2$ bei der zweiten um ein Minimum. ✓

27   Erzeugen Sie mit einem kleinen MATLAB-Programm eine grafische Darstellung der Funktion $f(x) = x \exp(-x^2/2)$. ◇

```
1    x=linspace(-3,3,256);
2    f=x.*exp(-x.^2/2);
3    plot(x,f);
```

✓

28   Berechnen Sie die Ableitung der Funktion $f(x) = 1/(1 + x^2)$. ◇

$-2x/(1 + x^2)^2$ ✓

29 Leiten Sie den Ausdruck $x^2 y \sin(xy^2)$ einmal nach x, dann nach y ab. ◇

$g(x) = x^2 y \sin(xy^2)$ führt auf $g'(x) = 2xy \sin(xy^2) + x^2 y^3 \cos(xy^2)$.
$h(y) = x^2 y \sin(xy^2)$ dagegen ergibt $h'(y) = x^2 \sin(xy^2) + 2x^2 y^2 \cos(xy^2)$ ✓

30 Rechnen Sie die Ableitung der Funktion $\tan(\alpha) = \sin(\alpha)/\cos(\alpha)$ aus. ◇

$$\frac{\mathrm{d}}{\mathrm{d}\alpha} \frac{\sin(\alpha)}{\cos(\alpha)} = \frac{\cos^2(\alpha) + \sin^2(\alpha)}{\cos^2(\alpha)} = \frac{1}{\cos^2(\alpha)} . \tag{26}$$

✓

31 Berechnen Sie $\arctan'$. ◇

Mit der Kettenregel ergibt sich $\tan'(\arctan(x))\,\arctan'(x) = 1$. Das bedeutet $\arctan'(x) = \cos^2(\arctan(x))$. Wegen $\cos^2 = 1/(1 + \tan^2)$ kann man das in $\arctan'(x) = 1/(1 + x^2)$ umschreiben. ✓

32 Fertigen Sie eine ganz einfache Grafik an, die die arctan-Funktion (schwarz) und ihre Ableitung (rot) im Intervall $[-10, 10]$ darstellt. Die Grafik soll als `gleffig1.eps` abgespeichert, in das `.pdf`-Format umgewandelt und danach gelöscht werden (gl für Grundlagen, ef für elementare Funktionen, darin das Bild 1). ◇

```
1    function gleffig1
2    x=linspace(-10,10,1024);
3    y=atan(x);
4    d=1./(1+x.^2);
5    plot(x,y,'-k','LineWidth',2.5);
6    hold on;
7    plot(x,d,'-r','LineWidth',1.8);
8    hold off;
9    print -deps2 gleffig1.eps
10   ! epstopdf gleffig1.eps
11   delete gleffig1.eps
```

✓
Siehe Abb. A.1.

33 Berechnen Sie das Integral über $f(x) = 3x^4 - x^2 + 1$ von $a = -1$ bis $b = 2$. ◇

$$I = \left[\frac{3x^5}{5} - \frac{x^3}{3} + x \right]_{-1}^{2} = \frac{99}{5} . \tag{27}$$

✓

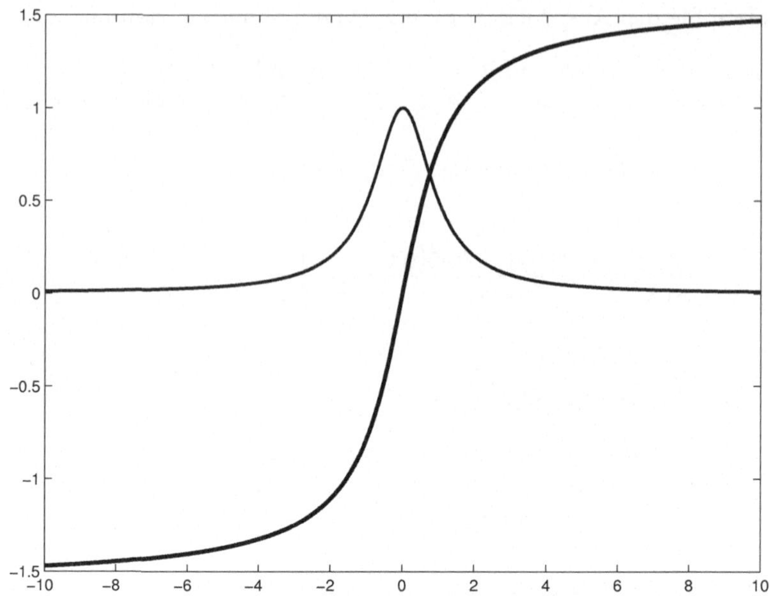

Abb. A.1. Die arctan-Funktion (*dicke Linie*) und deren Ableitung (*dünner*).

34   Rechnen Sie dasselbe Integral numerisch aus (mit `quadl`). Wie groß ist der Fehler? ⋄

```
1    quadl(@(x)3*x.^4-x.^2+1,-1,2)-99/5
```

✓

35   Rechnen Sie $I_0 = \int_0^\infty dx\, e^{-x}$ aus. ⋄

$I_0 = 1$. ✓

36   Weisen Sie $I_{n+1} = (n+1)I_n$ nach für $I_n = \int_0^\infty dx\, x^n e^{-x}$ und $n = 0, 1, \ldots$ Damit steht $I_n = n!$ fest. ⋄

x^n als proportional zu dx^{n+1}/dx entlarven und Produktregel anwenden. $I_0 = 1$ beachten. ✓

37   Berechnen Sie $2\int_0^\infty dx\, x\, e^{-x^2}$, indem $y = x^2$ gesetzt wird. ⋄

$dy = 2x dx$ führt auf $\int_0^\infty dy\, e^{-y} = 1$. ✓

38   Das Integral $I = \int_0^1 \mathrm{d}x \sqrt{1-x^2}$ beschreibt die Fläche eines Viertel-Einheitskreises. Rechnen Sie das mit der Substitution $x = \sin(\alpha)$ nach. $\diamond$

$\mathrm{d}x = \cos(\alpha)\mathrm{d}\alpha$, daher $I = \int_0^{\pi/2} \mathrm{d}\alpha \, \sin^2(\alpha)$. Das kann durch partielles Integrieren in $I = \int_0^{\pi/2} \mathrm{d}\alpha \, \cos^2(\alpha)$ umgeschrieben werden. Die beiden Ausdrücke sind gleich und ergeben zusammen $\pi/2$. Also hat das Integral tatsächlich den Wert $\pi/4$. $\checkmark$

39   Berechnen Sie numerisch einmal das Integral über $\sqrt{1-x^2}$ von 0 bis 1 und zum anderen das Integral über $\cos^2(\alpha)$ von 0 bis $\pi/2$. $\diamond$

```
1    err1=quadl(@(x)sqrt(1-x.^2),0,1)-pi/4
2    err2=quadl(@(a)cos(a).^2,0,pi/2)-pi/4
```

$\checkmark$

40   Rechnen Sie $\int_1^x \dfrac{\mathrm{d}s}{s}$ aus. $\diamond$

$\ln(x)$ $\checkmark$

A.2 Gewöhnliche Differenzialgleichungen

41   Wir haben einen Wasserbehälter mit Querschnitt Q vor Augen, der bis zur Höhe h gefüllt ist. Weil der Behälter am Boden nicht ganz dicht ist, versickern pro Sekunde $\Gamma Q h$ Kubikmeter Wasser. Außerdem gibt es eine konstante Verdunstungsrate $V^* = Qh^*$. Zudem wird über einen Schlauch die Menge $\Phi = \Phi(t)$ zugeführt oder abgezapft, gemessen in Kubikmetern pro Sekunde. Stellen Sie eine Differenzialgleichung für $h = h(t)$ auf. $\diamond$

$\dot{h} + \Gamma h + h^* = g(t)$ mit $g(t) = \Phi(t)/Q$ $\checkmark$

42   Führen Sie die voranstehende Aufgabe auf den Prototypen $\dot{y} + \Gamma y = u(t)$ zurück. $\diamond$

$y = h$ und $u(t) = g(t) - h^*$. $\checkmark$

43   Lösen Sie die homogene Differenzialgleichung $\dot{y} + \Gamma y = 0$ durch Trennung der Variablen. $\diamond$

$\mathrm{d}y/y = -\Gamma \mathrm{d}t$, $\ln(y) - \ln(y_0) = -\Gamma t$, $y(t) = y_0 \mathrm{e}^{-\Gamma t}$. $\checkmark$

44   Lösen Sie die nicht-lineare Differenzialgleichung $y' = 2xy^2$ mit der Anfangsbedingung $y(1) = a$. $\diamond$

$\mathrm{d}y/y^2 = \mathrm{d}x\,2x$, $-1/y + 1/a = x^2 - 1$, $y = a/(1 + a(1 - x^2))$. $\checkmark$

45   Der Grundzustand eines harmonischen Oszillators wird – in passenden Einheiten – durch die Differenzialgleichung $y' = -xy$ beschrieben. Wie sieht die allgemeine Lösung aus?   ◇

$\mathrm{d}y/y = -x\mathrm{d}x$, $\ln y - \ln y_0 = -x^2/2$, $y = y_0 \exp(-x^2/2)$.   ✓

46   Lösen Sie numerisch die Differenzialgleichung $y' = \sqrt{1 + x^2 \sin^2(y)}$ im Bereich $0 \leq x \leq 6$ und mit $y(0) = 1$. Stellen Sie das Ergebnis grafisch dar.   ◇

```
1    yd=@(x,y)sqrt(1+x.^2.*sin(y).^2);
2    [x,y]=ode45(yd,[0,6],[1]);
3    plot(x,y,'-k','LineWidth',2);
```

✓

Siehe Abb. A.2.

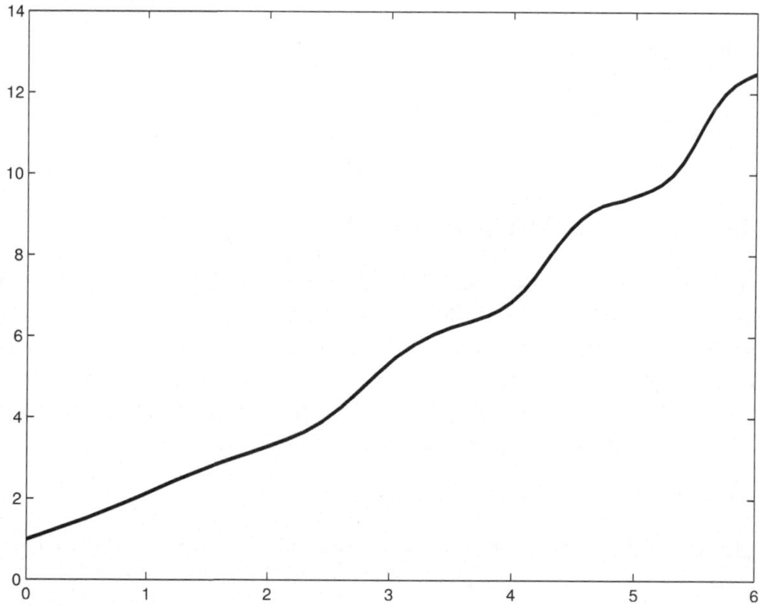

Abb. A.2. Dargestellt ist die numerische ermittelte Lösung der Differenzialgleichung $y' = \sqrt{1 + x^2 \sin^2(y)}$ im Bereich $0 \leq x \leq 6$ und mit $y(0) = 1$. Man erkennt die durch den Sinus verursachten Oszillationen.

47   Wir beziehen uns auf die voranstehende Aufgabe. Merken Sie sich das Ergebnis $y(6)$ und rechnen Sie dieselbe Differenzialgleichung von $x = 6$ zurück bis $x = 0$. Es sollte $y(0) = 1$ herauskommen. Wie gut stimmt das?   ◇

Es kommt 1.016 heraus. Die Lösung ist also zu ungenau. Sie müssen die voreingestellten Fehlergrenzen verkleinern. ✓

48   Setzen Sie die relative Toleranz zu 10^{-9} fest. Dann wird die im voranstehenden Text besprochene Differenzialgleichung von 0 bis 6 integriert und zurück bis 0. Es sollte $y(0) = 1$ herauskommen. Wie gut stimmt das jetzt? ◇

```
1    yd=@(x,y)sqrt(1+x.^2.*sin(y).^2);
2    tol=odeset('RelTol',1e-9);
3    [x,y]=ode45(yd,[0,6],1,tol);
4    [xx,yy]=ode45(yd,[6,0],max(y),tol);
5    min(yy)-1
```

ergibt einen Fehler in der sechsten Stelle. ✓

49   Geben Sie Lösung der Differenzialgleichung $\ddot{y} + \Omega^2 y = 0$ an für $y(0) = 1$ und $\dot{y}(0) = 1$. ◇

$y(t) = \cos(\Omega t) + \sin(\Omega t)/\Omega$. ✓

50   Lösen Sie die voranstehende Differenzialgleichung numerisch mit $\Omega = 1$ von 0 bis 2π. Vergleichen Sie mit der analytischen Lösung, am besten dadurch, dass beide im gleichen Bild grafisch dargestellt werden. ◇

Wir rechnen mit $y_1 = y$ und $y_2 = \dot{y}$. Es gilt also $\dot{y}_1 = y_2$ und $\dot{y}_2 = -\Omega^2 y_1$.

```
1    Omega=1;
2    yp=@(t,y)[y(2);-Omega*y(1)];
3    [t,y]=ode45(yp,[0:0.01:2*pi],[1,1]);
4    plot(t,y(:,1),'-k');
5    hold on;
6    yy=cos(Omega*t)+sin(Omega*t)/Omega;
7    plot(t,yy,'-k','LineWidth',2);
8    hold off;
9    axis tight;
```
✓

Das Ergebnis ist als Abb. A.3 dargestellt.

51   Prüfen Sie nach, dass die Einflussfunktion $G(\tau) = \dfrac{1}{\Omega} \sin(\Omega \tau)\, \mathrm{e}^{-\Gamma \tau/2}$ der homogenen Differenzialgleichung $\ddot{G} + \Gamma \dot{G} + \Omega_0^2 G$ genügt und die Anfangsbedingungen $G(0) = 0$ sowie $\dot{G}(0) = 1$ erfüllt. ◇

Das stimmt, mit $\Omega = \sqrt{\Omega_0^2 - \Gamma^2/4}$, also für schwache Dämpfung. ✓

52   $\ddot{y} + \sin(y) = 0$ beschreibt den Auslenkungswinkel eines Pendels als Funktion der Zeit. Zeigen Sie, dass die Energie $E = \dot{y}^2/2 + 1 - \cos(y)$ nicht von der Zeit abhängt. ◇

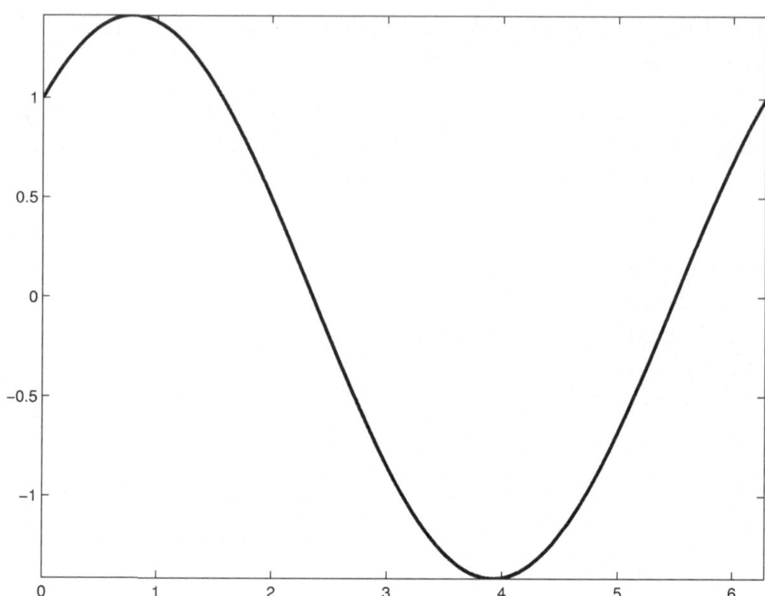

Abb. A.3. Die analytische und die numerische Lösung der Differenzialgleichung $\ddot{y} + \Omega^2 y = 0$ mit $\Omega = 1$ und $y(0) = 1$ sowie $\dot{y}(0) = 1$. Man muss das Bild sehr stark aufblähen, um den Unterschied zu erkennen.

Man multipliziert die Differenzialgleichung mit $\dot{y}$. Die Konstante 1 wurde hinzugefügt, damit $\dot{y} = 0$ und $y = 0$ (Ruhelage) die Energie Null ergibt. ✓

53   Nähern sie den Ausdruck für die Energie eines Pendels für den Fall, dass der Auslenkungswinkel y klein ist. Welcher Differenzialgleichung entspricht das? Wie sieht die allgemeine Lösung aus? ⋄

$E = \dot{y}^2/2 + y^2/2$, $\ddot{y} + y = 0$, $y(t) = a\cos(y) + b\sin(y)$. Man spricht von einem Harmonischen Oszillator. ✓

54   Man berechne numerisch die Lösungen der Pendelgleichung für $y_0 = 0$ und $\dot{y}_0 = 1.98, 2, 2.02$, und zwar für $0 \le t \le 12$. Die relative Toleranz muss klein gewählt werden, damit man den Übergang von periodisch in labiles Gleichgewicht zum Überschlag erkennen kann. Man beachte, dass y ein Winkel im Bogenmaß ist. ⋄

Die Abb. A.4 wurde mit dem folgenden Programm erzeugt.

```
1    yd=@(x,y)[y(2);-sin(y(1))];
2    tol=odeset('RelTol',1e-12);
3    for yd0=[1.98,2.00,2.02]
4      [t,y]=ode45(yd,[0:0.1:12],[0,yd0],tol);
```

```
5      plot(t,y(:,1),'-k','LineWidth',2);
6      hold on;
7    end;
8    hold off;
```
✓

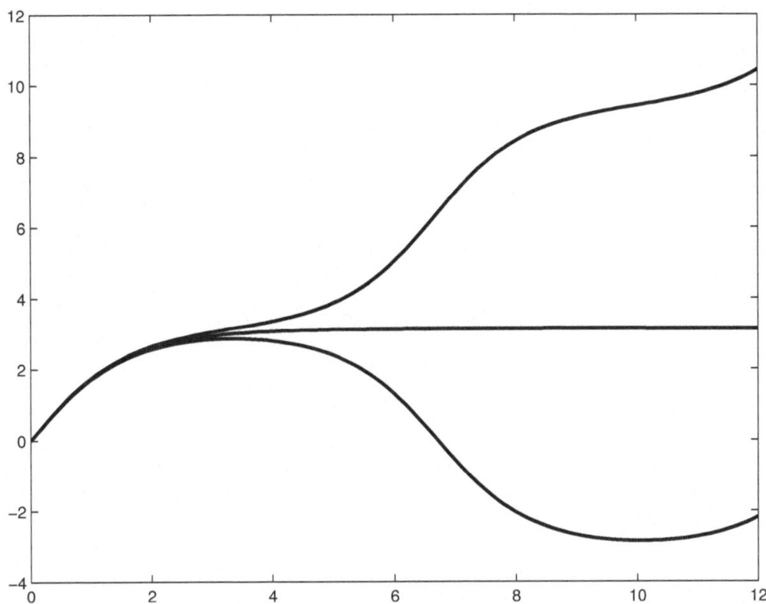

Abb. A.4. Aufgetragen über der Zeit t ist der Auslenkungswinkel eines Pendels (im Bogenmaß) für drei Fälle. Das sind die numerischen Lösungen der Pendelgleichung $\ddot{y} + \sin(y) = 0$ für $y(0) = 0$ und $\dot{y}(0) = 1.98, 2.00, 2.02$. Dass das Pendel oben stehen bleibt, trifft für $\dot{y} = 0$ und $y = \pi$ zu, dem entspricht die Energie $E = 2$. Für $y(0) = 0$ heißt das $\dot{y}(0) = 2$.

55   Die Lösung der Pendelgleichung für $y(0) = 0$ und $\dot{y}(0) = 2$ ist instabil. Ermitteln Sie die Lösung wie vorher mit der relativen Genauigkeit 10^{-12}, jedoch für die Zeitspanne $0 \leq t \leq 60$. ⋄

✓

Siehe Abb. A.5.

56   Eine Rakete startet senkrecht nach oben von der Höhe $h = 0$ aus. Ihre Masse ist zeitabhängig, gemäß $m(t) = m_1 + m_2(1 - t/\tau)$. m_1 ist die Masse der Rakete, m_2 die anfängliche Masse des Treibstoffs, der mit konstanter Rate verbrannt wird. Das führt auf eine Schubkraft $f = -\bar{v}\dot{m}$. Dabei ist $\bar{v}$ die Austrittsgeschwindigkeit der Verbrennungsgase (relativ zur Rakete), eine Konstante. Prüfen Sie nach, dass das Ergebnis plausibel ist: für $m_2 = 0$ (kein

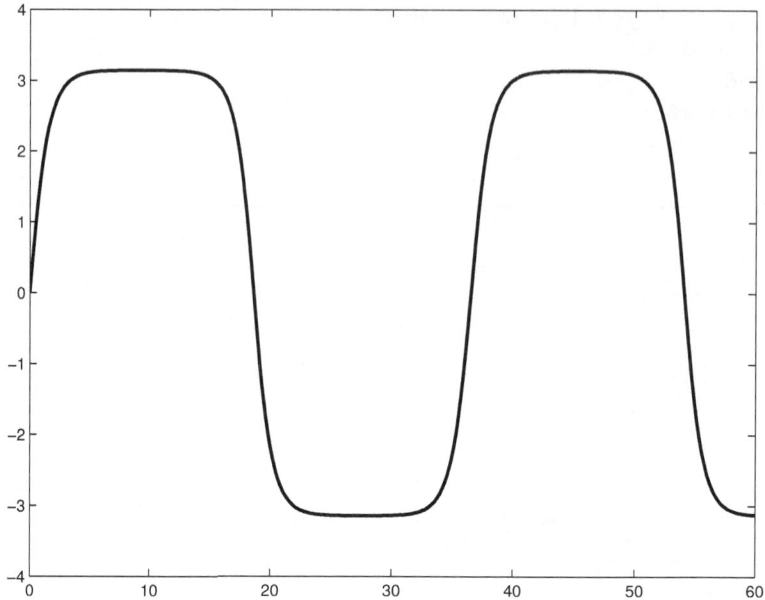

Abb. A.5. Aufgetragen ist der Auslenkungswinkel über der Zeit. Die Anfangsbedingungen wurden so gewählt, dass das Pendel oben stehen bleiben sollte.
Diese Lösung ist jedoch instabil.

Treibstoff) oder $\tau = \infty$ (der Treibstoff wird beliebig langsam verbrannt). Außerdem sollte ein Bündel gleichartiger Raketen ebenso schnell aufsteigen wie
eine einzige. $\diamond$

Zur Zeit t hat die Rakete den Impuls $m\dot{h}$. Zur Zeit $t + \mathrm{d}t$ hat die Rakete
selber den Impuls $(m + \mathrm{d}m)(\dot{h} + \mathrm{d}\dot{h})$, die ausgestoßene Gasmenge den Impuls
$\mathrm{d}m(\dot{h} - \bar{v})$. Zudem ist der Impuls $-mg\mathrm{d}t$ zugewachsen. Das ergibt $m\ddot{h} =$
$-mg - \dot{m}\bar{v}$. Bei konstanter Verbrennungsrate führt das auf

$$\ddot{h} = -g + \frac{m_2\bar{v}}{m_1\tau + m_2(\tau - t)}\,. \tag{28}$$

In der Tat wird das zu $\ddot{h} = -g$, wenn m_2 verschwindet. Dasselbe gilt für
den Fall $\tau \to \infty$. Und es stimmt, dass in die Differenzialgleichung nur das
Massenverhältnis m_1/m_2 eingeht. $\checkmark$

57   Lösen Sie die Raketengleichung numerisch für $m_1 = 100$ g, $m_2 = 80$ g,
$\tau = 4.0$ s und $\bar{v} = 180$ m/s. g hat den Wert 9.8 m/s^2. In welcher Höhe hört
der Antrieb auf, und welche Geschwindigkeit wurde bis dann erreicht? $\diamond$

```
1   m1=0.100; m2=0.080; tau=4.0; g=9.8; barv=180;
2   yd=@(t,y)[y(2);-g+m2*barv./((m1+m2)*tau-m2*t)];
```

```
3    [t,y]=ode45(yd,[0:0.01*tau:tau],[0,0]);
4    y(length(t),:)
```

Das ergibt eine Höhe von etwa 113 m bei Brennschluss und eine Geschwindigkeit von etwa 67 m/s. Allerdings ist für solche Spielzeugraketen die Reibung in der Luft nicht wirklich zu vernachlässigen. ✓

58   Was sind die Eigenwerte Λ^2 der Differenzialgleichung $y'' = -\Lambda^2 y$ mit den Nebenbedingungen $y(0) = 0$, $y'(0) = 1$ und $y(\pi) = 0$? ⋄

Zuerst einmal erhält man $y(x) = (1/\Lambda)\sin(\Lambda x)$. Die dritte Nebenbedingung ist erfüllt, wenn $\Lambda = 1, 2, \ldots$ gewählt wird. Die Eigenwerte sind daher $\Lambda^2 = 1, 4, 9. \ldots$ ✓

59   Welche Eigenwerte hat die Differenzialgleichung $y' = -\mathrm{i}\Lambda y$, wenn man $y(0) = y(2\pi)$ verlangt? ⋄

Für $y = a\,\mathrm{e}^{-\mathrm{i}\Lambda x}$ gilt $y(0) = y(2\pi)$ dann und nur dann, wenn man $\Lambda = \ldots, -1, 0, 1, \ldots$ wählt, also $\Lambda \in \mathbb{Z}$. ✓

60   Rechnen Sie nach, dass $y = \mathrm{e}^{-x^2/2}$ die Eigenwertgleichung $-y''+x^2 y = 2\Lambda y$ erfüllt. Mit welchem Eigenwert? ⋄

$y' = -xy$; $y'' = (x^2 - 1)y$; $-y'' + x^2 y = y$; der Eigenwert ist also $\Lambda = 1/2$. Es handelt sich um den Grundzustand eines quantenmechanischen Harmonischen Oszillators. ✓

61   Dieselbe Eigenwertgleichung wie vorher, jetzt jedoch mit dem Ansatz $y = x\,\mathrm{e}^{-x^2/2}$. ⋄

$y' = (1 - x^2))\exp(-x^2/2)$; $y'' = (-2x - x + x^3)\exp{-x^2/2}$; $-y'' + x^2 y = 3x\exp(-x^2/2)$; die Eigenwertgleichung ist erfüllt mit $\Lambda = 3/2$. Es handelt sich um den ersten angeregten Zustand des quantenmechanischen Harmonischen Oszillators. ✓

62   Man löse die Differenzialgleichung $y'' + y = 0$ mit den Randbedingungen $y(0) = 1$ und $y(\pi) = -1$ mithilfe der Methode der finiten Differenzen. Vergleichen Sie mit der analytischen Lösung. ⋄

Die analytische Lösung ist $f(x) = \cos(x)$. Hier ein MATLAB-Programm für die numerische Lösung mithilfe der Methode der finiten Differenzen:

```
1    a=0;
2    b=pi;
3    fa=1;
4    fb=-1;
5    N=14;
6    h=(b-a)/(N+1);
7    sd=ones(N-1,1);
```

```
 8    md=ones(N,1);
 9    DD=(diag(sd,-1)-2*diag(md,0)+diag(sd,1))/h.^2;
10    II=eye(N);
11    rhs=zeros(N,1);
12    rhs(1)=-fa/h^2;
13    rhs(N)=-fb/h^2;
14    sol=(DD+II)\rhs;
15    x=linspace(a,b,N+2);
16    f=[fa,sol',fb];
17    xx=linspace(a,b,1000);
18    ff=cos(xx);
19    plot(x,f,'or', xx,ff,'-k','MarkerSize',5,...
20    'MarkerEdgeColor','k','MarkerFaceColor','k','LineWidth',1.8);
21    axis tight;
22    axis tight;
```

Abbildung A.6 spricht für sich selbst.   ✓

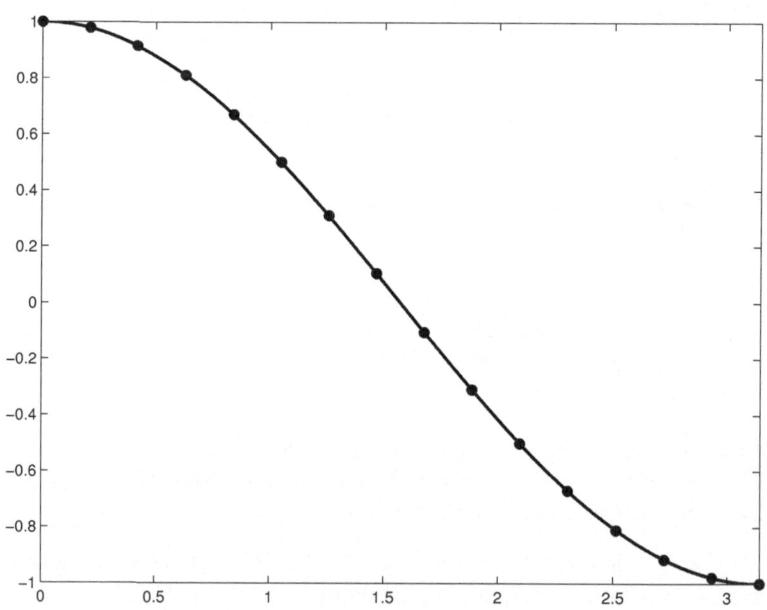

Abb. A.6. Die Differenzialgleichung $y'' + y = 0$ mit den Nebenbedingungen $y(0) = 1$ und $y(\pi) = -1$ wurde mithilfe der Methode der finiten Differenzen gelöst. Die Kreise entsprechen den gesetzten beziehungsweise berechneten Werten. Die durchgezogene Linie zeigt die analytische Lösung. Mit bereits 14 Variablen kann man grafisch auch nach Vergrößern keinen Unterschied erkennen.

63   Zur voranstehenden Aufgabe: Wie weit weichen die numerisch ermittelten Funktionswerte von den richtigen Werten ab? ⋄

>> max(f-cos(x)) liefert 0.001. ✓

64   Wie verbessert sich die Genauigkeit, wenn man mit 256 anstelle von 16 Stützstellen rechnet? ⋄

>> max(f-cos(x)) liefert dann 3×10^{-6}. ✓

A.3 Felder

65    $f = f(t,\omega) = t\sin(\omega t)$ hängt von zwei Variablen ab, nämlich t und ω. Rechnen Sie $f_t(t,\omega) = \partial f(t,\omega)/\partial t$ sowie $f_\omega(t,\omega) = \partial f(t,\omega)/\partial \omega$ aus. ⋄

$f_t(t,\omega) = \sin(\omega t) + \omega t\cos(\omega t)$ ist die partielle Ableitung nach t. Partielles Ableiten nach ω ergibt $f_\omega(t,\omega) = t^2\cos(\omega t)$. ✓

66   Prüfen Sie das am Beispiel $f_{t,\omega} = \partial f_t/\partial\omega = \partial^2 f/\partial t\partial\omega$ und $\partial f_{\omega,t} = \partial f_\omega/\partial t = \partial^2 f/\partial\omega\partial t$ nach. ⋄

Beide Ausdrücke sind gleich, nämlich $-\omega t^2\sin(\omega t) + 2t\cos(\omega t)$. Das ist kein Zufall. ✓

67   Man berechne das Gradientenfeld von $S(\boldsymbol{x}) = -1/r$ mit $r = \sqrt{x_1^2 + x_2^2 + x_3^2}$ als Abstand vom Koordinatenursprung. ⋄

$G_1 = x_1/r^3$ und so weiter. So wie S ist auch $\boldsymbol{G}$ nur für $\boldsymbol{x} \neq 0$ definiert. ✓

68   Die Rotation $\boldsymbol{W} = \boldsymbol{\nabla} \times \boldsymbol{V}$ eines Vektorfeldes $\boldsymbol{V}$ verschwindet, wenn das Vektorfeld selber der Gradient eines beliebigen Skalarfeldes ist, $\boldsymbol{V} = \boldsymbol{\nabla}S$. Warum? ⋄

$W_1 = (\nabla_2\nabla_3 - \nabla_3\nabla_2)S$, und so weiter. ✓

69   Berechnen Sie die Divergenz $D(\boldsymbol{x})$ des Vektorfeldes $\boldsymbol{V}(\boldsymbol{x}) = \boldsymbol{x}f(r)$ mit $r = \sqrt{x_1^2 + x_2^2 + x_3^2}$. ⋄

$\nabla_1 V_1 = f(r) + x_1 f'(r)x_1/r$ und so weiter. Das ergibt $D(\boldsymbol{x}) = 3f(r) + rf'(r)$. ✓

70   Zur voranstehenden Aufgabe: Wie muss f gewählt werden, wenn die Divergenz überall (außer vielleicht bei $r = 0$) verschwinden soll? ⋄

$3f + rf' = 0$ hat die Lösung $f(r) = a/r^3$. ✓

71   Das Vektorfeld $V_1(\boldsymbol{x}) = -x_2 f(d)$, $V_2(\boldsymbol{x}) = x_1 f(d)$, $V_3(\boldsymbol{x}) = 0$ wickelt sich um die 3-Achse. Das Feld hat keine 3-Komponente, und es gilt $\boldsymbol{x} \cdot \boldsymbol{V} = 0$.

$d = \sqrt{x_1^2 + x_2^2}$ bezeichnet den Abstand von der 3-Achse. Rechnen Sie die Rotation $\boldsymbol{W} = \boldsymbol{\nabla} \times \boldsymbol{V}$ aus. ⋄

W_1 und W_2 verschwinden, weil entweder die 3-Komponente oder die Ableitung nach x_3 verschwinden. Für W_3 erhält man $2f(d) + d f'(d)$. ✓

72   Zur voranstehenden Aufgabe: Wie muss f gewählt werden, wenn die Rotation überall (außer vielleicht bei $d = 0$) verschwinden soll? ⋄

$2f + d f' = 0$ hat die Lösung $f(d) = a/d^2$. ✓

73   Wir betrachten einen geschlossenen Kreisweg in der $1, 2$-Ebene mit Radius R um den Koordinatenursprung. Beschreiben Sie diese Kurve $\mathcal{C}$ durch eine Parametrisierung und rechnen Sie den Tangentenvektor aus. ⋄

$\boldsymbol{\xi}(\alpha) = (R\cos\alpha, R\sin\alpha, 0)$ für $0 \leq \alpha \leq 2\pi$, $\boldsymbol{t}(\alpha) = (-R\sin\alpha, R\cos\alpha, 0)$. ✓

74   Zur voranstehenden Aufgabe: Berechnen Sie die Bogenlänge des Kreisweges $\mathcal{C}$. ⋄

$$\ell = \int_0^{2\pi} \mathrm{d}\alpha \, |\boldsymbol{t}(\alpha| = 2\pi R. \quad ✓$$

75   Berechnen Sie das Wegintegral $\int_{\mathcal{C}} \mathrm{d}\boldsymbol{s} \cdot \boldsymbol{V}$ mit dem Kreisweg $\mathcal{C}$ der Aufgabe 73 und dem Vektorfeld der Aufgabe 71. ⋄

$2\pi R^2 f(R)$ ✓

76   Wir beziehen uns auf die Aufgabe 67. Berechnen Sie das Wegintegral über den Gradienten $\boldsymbol{G}$ auf einem geraden Weg vom Anfangspunkt $\boldsymbol{x}_0 = (1, 0, 0)$ zum Endpunkt $\boldsymbol{x}_1 = (2, 0, 0)$. ⋄

Der Weg kann durch $\boldsymbol{\xi}(u) = (u, 0, 0)$ für $1 \leq u \leq 2$ parametrisiert werden. Das Gradientenfeld hat die Gestalt $\boldsymbol{G}(\boldsymbol{x}) = \boldsymbol{x}/r^3$ mit $r = |\boldsymbol{x}|$. Zu berechnen ist also

$$\int_1^2 \mathrm{d}u \begin{pmatrix} 1 \\ 0 \\ 0 \end{pmatrix} \cdot \begin{pmatrix} u \\ 0 \\ 0 \end{pmatrix} \frac{1}{u^3} = \frac{1}{2}. \tag{29}$$

✓

77   Vergleichen Sie das Ergebnis der voranstehenden Aufgabe mit dem Wert $S(\boldsymbol{x}_1) - S(\boldsymbol{x}_0)$. Zur Erinnerung: $\boldsymbol{G} = \boldsymbol{\nabla} S$ und $S(\boldsymbol{x}) = -1/|\boldsymbol{x}|$. ⋄

$S(\boldsymbol{x}_1) - S(\boldsymbol{x}_0) = 1/2$. Das ist kein Zufall, denn

$$\int_{\mathcal{C}} \mathrm{d}\boldsymbol{s} \cdot \boldsymbol{\nabla} S = S(\boldsymbol{x}_1) - S(\boldsymbol{x}_0). \tag{30}$$

Dabei ist $\mathcal{C} = \mathcal{C}(\boldsymbol{x}_0, \boldsymbol{x}_1)$ irgendein Weg, der von $\boldsymbol{x}_0$ nach $\boldsymbol{x}_1$ führt. ✓

78 Man betrachtet den Graphen der Sinusfunktion als eine Kurve in der 1-2-Ebene. Er kann als $\boldsymbol{\xi}(\alpha) = (\alpha, \sin \alpha, 0)$ parametrisiert werden, mit $0 \leq \alpha \leq 2\pi$. Welche Bogenlänge hat dieser Graph? Vor dem Ausrechnen: geben Sie eine untere und eine obere Schranke an. ◇

Der direkte Weg von $(0, 0, 0)$ nach $(2\pi, 0, 0$ hat die Länge 2π, das ist eine untere Schranke. Der Weg von $(0, 0, 0)$ über $(0, 1, 0)$ nach $(\pi, 1, 0)$ nach $(\pi, -1, 0)$ nach $(2\pi, -1, 0)$ nach $(2\pi, 0, 0)$ hat die Länge $4 + 2\pi$, das ist eine obere Grenze. ✓

79 Rechnen Sie nun die Bogenlänge aus. ◇

$$\ell = \int_0^{2\pi} \mathrm{d}\alpha \, \sqrt{1 + \cos^2 \alpha} = 7.6404.$$ Diese Zahl ist das Ergebnis des MATLAB-Kommandos

```
1    quadl(@(a)sqrt(1+cos(a).^2),0,2*pi)
```

Wir halten uns hier nicht damit auf, einen analytischen Ausdruck dafür herzuleiten. ✓

80 Rechnen Sie die Bogenlänge numerisch direkt aus, indem der Weg in kleine Wegstücke aus Geraden zerlegt wird. ◇

Hier ein ganz einfaches MATLAB-Programm dafür:

```
1    sum=0;
2    N=1024;
3    a=linspace(0,2*pi,N);
4    for k=2:N
5        dx=a(k)-a(k-1);
6        dy=sin(a(k))-sin(a(k-1));
7        sum=sum+sqrt(dx^2+dy^2);
8    end;
```

Wie erwartet, kommt `sum = 7.6404` heraus. ✓

81 Man gebe die übliche Parametrisierung einer Kreisscheibe $\mathcal{D}$ in der 1-2-Ebene um den Koordinatenursprung an (Radius R). ◇

$$\boldsymbol{\xi}(r, \phi) = (r \cos \phi, r \sin \phi, 0) \quad \text{mit} \ 0 \leq r \leq R \ \text{und} \ 0 \leq \phi \leq 2\pi. \tag{31}$$

✓

82 Diskutieren Sie den Rand der oben beschriebenen Kreisscheibe $\mathcal{D}$. ◇

Wir gehen von der Parametrisierung (31) aus. Der Rand besteht aus vier Stücken. Das erste Stück $\partial\mathcal{D}_1$ wird durch $\boldsymbol{\xi}(r, 0)$ beschrieben, wobei die Variable r von 0 nach R läuft. Daran schließt sich $\partial\mathcal{D}_2$ an, das durch $\boldsymbol{\xi}(R, \phi)$ parametrisiert ist. Der Winkel ϕ läuft von 0 bis 2π. Das dritte Wegstück stimmt bis auf die Laufrichtung mit dem ersten überein: eine Gerade von $(R, 0, 0)$ nach $(0, 0, 0)$. Wir schreiben dafür $\partial\mathcal{D}_3 + \partial\mathcal{D}_1 = 0$ und meinen damit den Nullweg. Das vierte Wegstück ($r = 0$ und ϕ von 2π bis 0) ist der Nullweg.

Das alles läuft auf $\partial\mathcal{D} = \partial\mathcal{D}_2$ hinaus. Der Rand der Kreisscheibe wird durch $\boldsymbol{\xi}(\phi) = (R\cos\phi, R\sin\phi, 0)$ parametrisiert, mit $0 \leq \phi \leq 2\pi$. Es handelt sich um einen Kreis mit Radius R um den Koordinatenursprung in der 1-2-Ebene. $\partial\mathcal{D}$ ist geschlossen, weil Anfangs- und Endpunkt zusammenfallen.   ✓

83   Rechnen Sie für die Kreisscheibe $\mathcal{D}$ der Aufgabe 81 in der Parametrisierung (31)

- den Tangentialvektor $\boldsymbol{t}_1(r,\phi) = \partial\boldsymbol{\xi}/\partial r$
- den Tangentialvektor $\boldsymbol{t}_2(r,\phi) = \partial\boldsymbol{\xi}/\partial\phi$
- den Normalenvektor $\boldsymbol{n}(r,\phi) = \boldsymbol{t}_1 \times \boldsymbol{t}_2$

aus.   ◇

$\boldsymbol{t}_1 = (\cos\phi, \sin\phi, 0)\,,\ \boldsymbol{t}_2 = (-r\sin\phi, r\cos\phi, 0),\ \boldsymbol{n} = (0,0,r)$ ✓

84   Berechnen Sie die Fläche A einer Kreisscheibe mit Radius R als $\displaystyle\int_{\mathcal{D}} |\mathrm{d}\boldsymbol{A}|$ mithilfe der oben diskutierten Parametrisierung (Polarkoordinaten).   ◇

$$A = \int_0^R \mathrm{d}r \int_0^{2\pi} \mathrm{d}\phi\, |\boldsymbol{n}(r,\phi)| = \pi R^2$$ ✓

85   Wir betrachten das Vektorfeld $\boldsymbol{W}(\boldsymbol{x}) = (0,0,2f(d) + df'(d))$ mit dem Abstand $d = \sqrt{x_1^2 + x_2^2}$ von der 3-Achse. Siehe die Aufgabe 71. Berechnen Sie das Flächenintegral $\displaystyle\int_{\mathcal{D}} \mathrm{d}\boldsymbol{A} \cdot \boldsymbol{W}$ über die oben erwähnte Kreisscheibe $\mathcal{D}$.   ◇

Alles richtig eingesetzt führt auf $\displaystyle\int_0^R \mathrm{d}r \int_0^{2\pi} \mathrm{d}\phi\, r(2f(r) + rf'(r))$. Das ergibt einmal den Faktor 2π, zum anderen das Integral über die Ableitung nach r der Stammfunktion $r^2 f(r)$. Das Integral hat daher den Wert $2\pi R^2 f(R) - 2\pi C$, mit $r^2 f(r) \to C$ für $r \to 0$.   ✓

86   Das in der voranstehenden Aufgabe betrachtete Vektorfeld $\boldsymbol{W}$ ist die Rotation des Vektorfeldes $\boldsymbol{V}(\boldsymbol{x}) = f(d)(-x_2, x_1, 0)$ mit $d = \sqrt{x_1^2 + x_2^2}$. Rechnen Sie das Wegintegral $\displaystyle\int_{\partial\mathcal{D}} \mathrm{d}\boldsymbol{s} \cdot \boldsymbol{V}$ aus, über den Rand der Kreisscheibe $\mathcal{D}$ in den voranstehenden Aufgaben.   ◇

$\displaystyle\int_0^{2\pi} \mathrm{d}\phi\, R^2 f(R) = 2\pi R^2 f(R)$. Nach dem Satz von Stokes sollten das Ergebnis mit dem der Aufgaben 85 übereinstimmen. Das ist nur dann richtig, wenn $r^2 f(r)$ mit $r \to 0$ verschwindet, also nicht zu singulär ist.   ✓

87   Berechnen Sie die beiden Tangentialenvektoren und den Normalenvektor $\boldsymbol{n}(\theta, \phi)$ für eine Kugeloberfläche $\mathcal{O}$, die durch geografische Koordinaten parametrisiert wird.   ◇

$$\boldsymbol{t}_1 = R\cos\theta \begin{pmatrix} -\sin\phi \\ \cos\phi \\ 0 \end{pmatrix} \qquad \boldsymbol{t}_2 = R \begin{pmatrix} -\sin\theta\cos\phi \\ -\sin\theta\sin\phi \\ \cos\theta \end{pmatrix} \tag{32}$$

und

$$\boldsymbol{n} = \boldsymbol{t}_1 \times \boldsymbol{t}_2 = R^2\cos\theta \begin{pmatrix} \cos\theta\cos\phi \\ \cos\theta\sin\phi \\ \sin\theta \end{pmatrix} \tag{33}$$

$\checkmark$

88   Berechnen Sie das Oberflächenintegral $\int_{\mathcal{O}} \mathrm{d}A \cdot \boldsymbol{V}$ für das Vektorfeld $\boldsymbol{V}(\boldsymbol{x}) = \boldsymbol{x}/|\boldsymbol{x}|^3$. Von diesem besonderen Zentralfeld war schon in der Aufgabe 67 die Rede. $\diamond$

Das läuft auf

$$\int_{-\pi}^{\pi} \mathrm{d}\phi \int_{-\pi/2}^{\pi/2} \mathrm{d}\theta\,\cos\theta \begin{pmatrix} \cos\theta\cos\phi \\ \cos\theta\sin\phi \\ \sin\theta \end{pmatrix} \cdot \begin{pmatrix} \cos\theta\cos\phi \\ \cos\theta\sin\phi \\ \sin\theta \end{pmatrix} \tag{34}$$

hinaus, also auf $2\pi \int_{-\pi/2}^{\pi/2} \mathrm{d}\theta\,\cos\theta = 4\pi$. $\checkmark$

89   Berechnen Sie die Funktionaldeterminante $\partial(\xi_1,\xi_2,\xi_3)/\partial(r,\theta\phi)$ für die in der Physik übliche Parametrisierung. $\diamond$

$$\frac{\partial(\xi_1,\xi_2,\xi_3)}{\partial(r,\phi,\theta)} = \det \begin{pmatrix} \cos\phi\sin\theta & \sin\phi\sin\theta & \cos\theta \\ -r\cos\phi\cos\theta & -r\sin\phi\cos\theta & -r\sin\theta \\ -r\sin\phi\sin\theta & r\cos\phi\sin\theta & 0 \end{pmatrix}. \tag{35}$$

Die Determinante hat den Wert $r^2\sin\theta$, und sie ist für $0 \leq r \leq R$ und $0 \leq \theta \leq \pi$ nie negativ.

Für die geografische Parametrisierung kommt $r^2\cos\theta$ heraus. $\checkmark$

90   Diskutieren Sie die sechs Stücke des Randes einer Kugel, wie sie durch (9) parametrisiert wird. $\diamond$

$\boldsymbol{\xi}(0,\theta,\phi)$ ist ein Punkt, also eine Nullfläche. $\boldsymbol{\xi}(R,\theta,\phi)$ parametrisiert die eigentliche Kugeloberfläche $\partial\mathcal{K}$, sie stimmt mit dem Ausdruck (7) überein, wenn man die physikalische gegen die geografische Parametrisierung auswechselt. $\boldsymbol{\xi}(r,\theta,0)$ und $\boldsymbol{\xi}(r,\theta,2\pi)$ sind die gleichen Kreisscheiben, jedoch mit entgegengesetztem Normalenvektor. Sie addieren sich zu einer Nullfläche. $\boldsymbol{\xi}(r,\phi,0)$ und

$\boldsymbol{\xi}(r, \phi, \pi)$ sind gerade Wege vom Erdmittelpunkt zum Nord- beziehungsweise zum Südpol, also Wege und damit Nullflächen. ✓

91   Berechnen Sie das Volumen einer Kugel mit Radius R in geografischer Parametrisierung . ◇

$$\int_{\mathcal{K}} \mathrm{d}V = \int_0^R \mathrm{d}r\, r^2 \int_{-\pi}^{\pi} \mathrm{d}\phi \int_{-\pi/2}^{\pi/2} \mathrm{d}\theta\, \cos\theta = \frac{R^3}{3} \cdot 2\pi \cdot 2 = \frac{4\pi R^3}{3}. \quad ✓$$

92   Dasselbe in physikalischer Parametrisierung. ◇

$$\int_{\mathcal{K}} \mathrm{d}V = \int_0^R \mathrm{d}r\, r^2 \int_0^{\pi} \mathrm{d}\theta\, \sin\theta \int_0^{2\pi} \mathrm{d}\phi = \frac{R^3}{3} \cdot 2 \cdot 2\pi = \frac{4\pi R^3}{3}. \quad ✓$$

93   Parametrisieren Sie einen Zylinder (Höhe H) mit kreisförmigem Querschnitt (Radius R). Die Zylinderachse soll mit der 3-Achse zusammenfallen, er soll auf der 1,2-Ebene stehen. Rechnen Sie die Funktionaldeterminante aus. ◇

$\boldsymbol{\xi}(r, \phi, z) = (r\cos\phi, r\sin\phi, z)$ mit $0 \leq r \leq R$, $0 \leq \phi \leq 2\pi$ und $0 \leq z \leq H$. Man erhält

$$\frac{\partial(\xi_1, \xi_2, \xi_3)}{\partial(r, \phi, z)} = \det \begin{pmatrix} \cos\phi & \sin\phi & 0 \\ -r\sin\phi & r\cos\phi & 0 \\ 0 & 0 & 1 \end{pmatrix} = r\,.$$

✓

94   Das Zentralfeld $\boldsymbol{V}(\boldsymbol{x}) = f(r)\boldsymbol{x}$ mit $r = |\boldsymbol{x}|$ hat die Divergenz $D(\boldsymbol{x}) = 3f(r) + rf'(r)$. Rechnen Sie $\displaystyle\int_{\mathcal{K}} \mathrm{d}V\, D$ aus, über eine zentrierte Kugel mit Radius R. ◇

Wir benutzen die in der Physik übliche Parametrisierung einer Kugel. Es gilt

$$\int_0^R \mathrm{d}r\, r^2 \int_0^{\pi} \mathrm{d}\theta\, \sin\theta \int_0^{2\pi} \mathrm{d}\phi\, \{3f(r) + rf'(r)\} = 4\pi R^3 f(R) - 4\pi C\,.$$

Dabei ist C der Grenzwert von $r^3 f(r)$ für $r \to 0$. ✓

95   Wir beziehen uns auf die voranstehende Aufgabe. Rechnen Sie das Integral des Zentralfeldes $\boldsymbol{V}$ über die Oberfläche der Kugel $\mathcal{K}$ aus. ◇

$$\int_{\partial\mathcal{K}} \mathrm{d}\boldsymbol{A} \cdot \boldsymbol{V} = \int_0^{\pi} \mathrm{d}\theta\, \sin\theta \int_0^{2\pi} \mathrm{d}\phi \begin{pmatrix} R^2 \cos\phi \\ R^2 \sin\phi \\ 0 \end{pmatrix} \cdot \begin{pmatrix} R\cos\phi \\ R\sin\phi \\ 0 \end{pmatrix}.$$

Das ergibt $4\pi R^3 f(R)$. Der Vergleich mit der voranstehenden Aufgabe zeigt, dass der Gaußsche Satz nur dann gilt, wenn das Feld in der Umgebung von $\boldsymbol{x} = 0$ nicht zu singulär ist. ✓

96   Die Ladungsdichte eines Elektrons im Grundzustand des Wasserstoffatoms ist radialsymmetrisch und wird durch $\rho = -c\exp(-2r)$ beschrieben, mit r als Abstand vom Proton in atomaren Einheiten. Rechnen Sie die Normierungskonstante c aus, so dass die Gesamtladung gerade -1 wird (in atomaren Einheiten). $\diamond$

$$1 = -\int \mathrm{d}V\,\rho = \int_0^\infty \mathrm{d}r\,r^2 \int_0^\pi \mathrm{d}\theta\,\sin\theta \int_0^{2\pi} \mathrm{d}\phi\,c\,\mathrm{e}^{-2r} = \pi c\,.$$

$\checkmark$

A.4 Partielle Differenzialgleichungen

97   Die partielle Differenzialgleichung $u_{xx} + u_{yy} = 0$ soll mit der Randbedingung $u = 1$ für $r = \sqrt{x^2 + y^2} = 1$ gelöst werden. $\diamond$

Wir setzen eine symmetrische Lösung an, $u(x,y) = f(r)$. Die partielle Differenzialgleichung führt auf $f'/r + f'' = 0$. Diese gewöhnliche homogene Differenzialgleichung zweiter Ordnung hat zwei Fundamentallösungen, nämlich $f(r) = 1$ und $f(r) = \ln(r)$. Mit der Randbedingung der partiellen Differenzialgleichung ergibt sich $u(x,y) = 1 + c\ln\left(\sqrt{x^2 + y^2}\right)$. Dabei ist c eine unbestimmte Konstante, die man sich eingefangen hat, weil nur eine Randbedingung angegeben wurde. $\checkmark$

98   Die partielle Differenzialgleichung $u_{xx} + u_{yy} + u_{zz}$ soll mit der Randbedingung $u = 1$ für $r = 1$ gelöst werden, mit $r = \sqrt{x^2 + y^2 + z^2}$. $\diamond$

Wir setzen eine symmetrische Lösung an, $u(x,y,z) = f(r)$. Die partielle Differenzialgleichung führt auf $2f'/r + f'' = 0$. Diese gewöhnliche homogenen Differenzialgleichung zweiter Ordnung hat zwei Fundamentallösungen, nämlich $f(r) = 1$ und $f(r) = 1/r$. Mit der Randbedingung der partiellen Differenzialgleichung ergibt sich $u(x,y,z) = c + (1-c)/\sqrt{x^2 + y^2 + z^2}$. Wiederum kommt eine unbestimmte Konstante c ins Spiel, weil nur eine Randbedingung angegeben wurde. Verlangt man außerdem $u \to 0$ mit $r \to \infty$, dann muss $c = 0$ gesetzt werden. $\checkmark$

99   Die Funktion $u = u(x,y)$ wird gemäß $U = U(r,\phi) = u(r\cos\phi, r\sin\phi)$ von kartesischen auf Polarkoordinaten umgerechnet. Ebenso $f = f(x,y)$ in $F = F(r,\phi)$. Rechnen Sie nach, dass sich die partielle Differenzialgleichung $u_{xx} + u_{yy} = f(x,y)$ in

$$U_{rr} + \frac{U_r}{r} + \frac{U_{\phi\phi}}{r^2} = F(r,\phi)$$

umrechnet. $\diamond$

Es gilt $U_r = \cos\phi\,u_x + \sin\phi\,u_y$. Ebenso $U_\phi = -r\sin\phi\,u_x + r\cos\phi\,u_y$. Nochmaliges partielles Differenzieren führt auf $U_{rr} = \cos^2\phi\,u_{xx} + \sin^2\phi\,u_{yy}$ und auf $U_{\phi\phi} = -r\cos\phi\,u_x - r\sin\phi\,u_y + r^2\sin^2\phi\,u_{xx} + r^2\cos^2 u_{yy}$. Das heißt

$$U_{rr} + \frac{U_r}{r} + \frac{U_{\phi\phi}}{r^2} = u_{xx} + u_{yy} = f(x,y) = F(r,\phi)\,,$$

und genau das war zu zeigen. ✓

100   Wir setzen mit den üblichen Polarkoordinaten

$$u(x,y) = U(r,\phi) = \sum_{n\in\mathbb{Z}} \mathrm{e}^{in\phi}\,f_n(r)$$

an, um $u_{xx} + u_{yy} = 0$ zu lösen. Welche gewöhnliche Differenzialgleichung müssen die Funktionen f_n erfüllen? Wie sieht die allgemeine Lösung aus? ◇

$$f_n'' + \frac{1}{r}f_n' = \frac{n^2}{r^2}f_n\,.$$

Mit dem Ansatz $f(r) = r^\nu$ erhält man $\nu = \pm|n|$, also $f_n(r) = c_1 r^{|n|} + c_2 r^{-|n|}$. Im Falle $n = 0$ allerdings hat man es mit $f_0(r) = c_1 + c_2\ln(r)$ zu tun. ✓

101   Wir beziehen uns auf die voranstehende Aufgabe. Als Randbedingungen sind $U(1,\phi) = \cos\phi$ und $U(\infty,\phi) = 0$ vorgegeben. Rechnen Sie dieses Feld aus, als $U = U(r,\phi)$ oder als $u = u(x,y)$. ◇

$$U(r,\phi) = \frac{\cos\phi}{r} \quad\text{oder}\quad u(x,y) = \frac{x}{x^2 + y^2}\,.$$

✓

102   Versuchen Sie, das Ergebnis der voranstehenden Aufgabe graphisch darzustellen. ◇

Da gibt es verschiedene Möglichkeiten. Hier eine Höhenlinien-Darstellung.

```
1    x=linspace(-3,3,1024);
2    y=x;
3    [X,Y]=meshgrid(x,y);
4    outside=(X.^2+Y.^2)>1;
5    Z=outside.*X./(X.^2+Y.^2);
6    contour(X,Y,Z,32,'-k','LineWidth',1.8);
7    axis square;
```

Sehen Sie sich Abbildung A.7 genau an. ✓

103   Auf dem Rechteck $0 \le x \le a$ und $0 \le y \le b$ ist die Eigenwertgleichung $-u_{xx} - u_{yy} = \Lambda u$ zu lösen. Die Eigenlösungen sollen auf dem Rand verschwinden. ◇

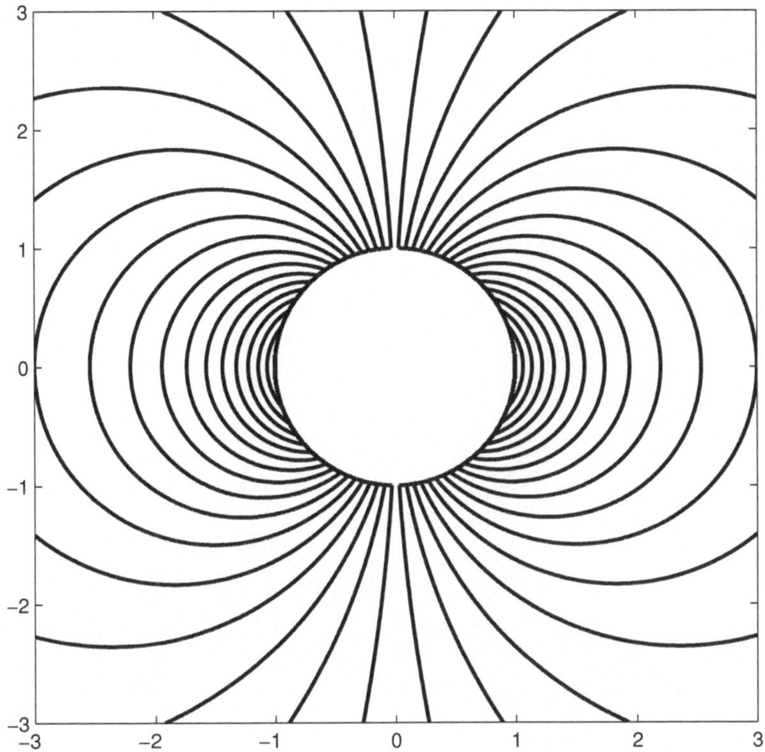

Abb. A.7. Konturlinien-Darstellung der Lösung von $u_{xx} + u_{yy} = 0$ mit den Randbedingungen, dass das Feld bei $r = 1$ den Wert $\cos\phi$ hat und im Unendlichen verschwindet.

Man setzt $u(x,y) = f(x)g(y)$ an und findet $f''(x)g(y) + f(x)g''(y) = -\Lambda f(x)g(y)$. Das ist erfüllt wenn $f'' = -\Lambda_1 f$ gilt und $g'' = -\Lambda_2 g$ gewählt wird. Es handelt sich um Sinus-Funktionen, $f_m = \sin(k_m x)$ mit $k_m a = m\pi$ für $m = 1, 2, \ldots$ Analog sind die g_n für $n = 1, 2, \ldots$ definiert, natürlich mit b anstelle von a. Die Lösungen, die wir damit gefunden haben, sind also

$$u_{mn}(x,y) = \sin\left(\frac{m\pi x}{a}\right)\sin\left(\frac{n\pi y}{a}\right) \ \text{ mit } \ \Lambda_{mn} = \frac{m^2\pi^2}{a^2} + \frac{n^2\pi^2}{b^2}\,.$$

m und n sind dabei positive ganze Zahlen. ✓

104   Stellen Sie die Eigenfunktion u_{12} für $a = 2$ und $b = 1$ grafisch dar. ◇

Das hier ist eine Möglichkeit.

```
1    N=64;
2    a=1;
```

```
 3    b=1;
 4    m=1;
 5    n=2;
 6    x=linspace(0,a,N);
 7    y=linspace(0,b,N);
 8    [X,Y]=meshgrid(x,y);
 9    Z=sin(m*pi*X/a).*sin(n*pi*Y/b);
10    mesh(X,Y,Z);
11    colormap gray;
```

Sehen Sie sich das Ergebnis Abbildung A.8 an.   ✓

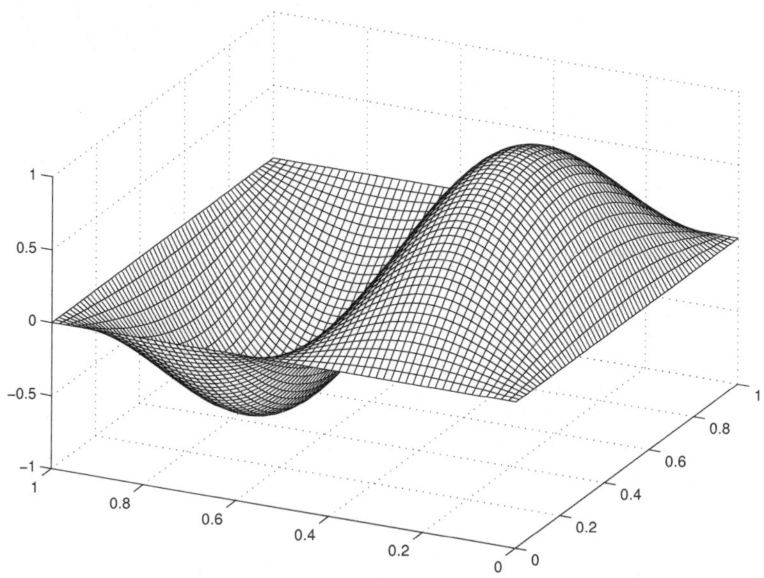

Abb. A.8. Lösung der Eigenwertgleichung $-u_{xx} - u_{yy} = \Lambda u$ auf einem rechteckigen Gebiet, wobei die Lösung auf dem Rand verschwinden soll. Die Eigenlösungen u_{mn} werden durch $m = 1, 2, \ldots$ und $n = 1, 2, \ldots$ abgezählt. Dargestellt ist die Eigenlösung u_{12}.

105   Nähern Sie die gewöhnliche Differenzialgleichung $f''(r) + f'(r)/r = 0$ für Stützstellen $r_j = jh$, mit $j \in \mathbb{Z}$. Die Variablen im Spiel sind $f_j = f(r_j)$. ◇

$$\frac{f_{j+1} - 2f_j + f_{j-1}}{h^2} + \frac{f_{j+1} - f_{j-1}}{2hr_j} = 0\,.$$

Natürlich muss man mit dem Fall $r_j = 0$ sorgfältig umgehen. ✓

106   Wir beziehen uns auf die voranstehende Aufgabe. Lösen Sie numerisch die Differenzialgleichung mit den Randbedingungen $f(1) = 1$ und $f(2) = 2$. Vergleichen Sie grafisch mit der analytischen Lösung (Aufgabe 97). ◇

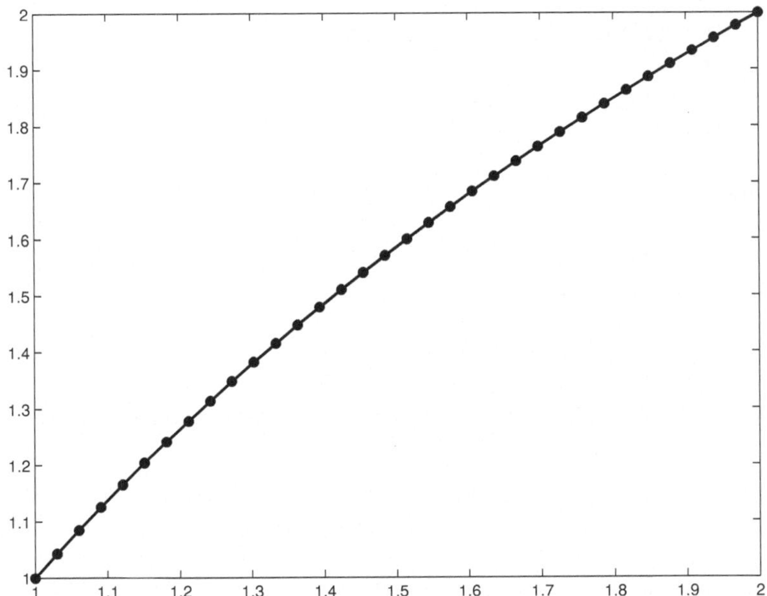

Abb. A.9. Gelöst wird die Differenzialgleichung $f'' + f'/r = 0$ im Intervall $r \in [1, 2]$ mit den Randbedingungen $f(1) = 1$ und $f(2) = 2$. Die durchgezogene Linie entspricht der analytischen Lösungen, die Kreise repräsentieren die mit der Methode der Finiten Differenzen ermittelten Werte, nachdem man das Problem auf eine gewöhnliche Differenzialgleichung zurückgeführt hat.

Wir haben bewusst ein ineffizientes MATLAB-Programm geschrieben, weil es leichter zu verstehen ist. Trotzdem kann man die Ausführungszeit auf einem modernen PC glatt vergessen.

```
1    NV=32;
2    rlo=1;
3    rhi=2;
4    flo=1;
5    fhi=2;
6    h=(rhi-rlo)/(NV+1);
7    L=zeros(NV,NV);
8    R=zeros(NV,1);
```

```
 9    for i=1:NV
10      ri=rlo+i*h;
11      L(i,i)=-2/h^2;
12      for j=[i-1,i+1]
13        if (j<1)
14          R(i)=-flo/h^2+flo/2/h/ri;
15        elseif (j>NV)
16          R(i)=-fhi/h^2-fhi/2/h/ri;
17        else
18          L(i,j)=1/h^2+(j-i)/2/h/ri;
19        end;
20      end;
21    end;
22    f=L\R;
23    rr=linspace(rlo,rhi,NV+2);
24    ff=[flo;f;fhi];
25    c1=flo-log(rlo);
26    c2=(fhi-flo)/(log(fhi)-log(flo));
27    plot(rr,ff,'or',rr,c1+c2*log(rr),'-k',...
28    'MarkerFace','k','MarkerEdge','k','MarkerSize',5,...
29    'LineWidth',1.5);
```

NV ist die Anzahl der Variablen. rlo und rhi beschreiben das Gebiet, flo und fhi die Randwerte. h ist die Diskretisierungslänge. L bezeichnet den Differenzialoperator und R die rechte Seite der Gleichung Lf=R. Spaltenweise wird nun durchdekliniert, was auf der Diagonalen und auf den Nebendiagonalen passiert. Wenn die Werte aus der Matrix L herausfallen, müssen sie in R vermerkt werden. Numerisch aufwändig ist lediglich das Kommando f=L\R. Der Rest des Programmes ist uninteressant, er macht aus der Lösung ein Bild. Das Ergebnis, nämlich die Abbildung A.9, spricht für sich selber. ✓

107   Erzeugen Sie eine Matrix Ω, die das folgende Randwertproblem beschreibt. $u(x,y) = 1$ für $r = 1$, $u(x,y) = 2$ für $r = 2$. Mit r ist dabei $\sqrt{x^2+y^2}$ gemeint. Im Inneren $1 < r < 2$ soll $u_{xx} + u_{yy} = 0$ gelten. ◇

```
1    function Omega=omega(h)
2    R1=1; R2=2; B1=1; B2=2;
3    x=-R2:h:R2; N=length(x); y=x;
4    [X,Y]=meshgrid(x,y); R=sqrt(X.^2+Y.^2);
5    Omega=zeros(N,N);
6    Omega(R<=R1)=B1;
7    Omega(R>=R2)=B2;
8    Omega((R>R1)&(R<R2))=NaN;
```

✓

108 Programmieren Sie nun eine Funktion, die das durch `Omega` beschriebene Randwertproblem löst und $u = u(x, y)$ als Matrix mit Feldwerten und Randwerten abliefert. ◇

Das folgende Programm ist ein wenig umständlich, aber es funktioniert. Es stellt den Laplace-Operator durch eine dünn besetzte Matrix dar.

```
1   % NaN characterizes a variable
2   % finite numbers are boundary values
3   % solve u_{xx}+u_{yy}=0
4   function u=laplace(Omega)
5   [M,N]=size(Omega);
6   u=Omega;
7   NV=0;
8   for j=1:M
9     for k=1:N
10      om=Omega(j,k);
11      if isnan(om)
12        NV=NV+1;
13        VN(j,k)=NV;
14        JJ(NV)=j;
15        KK(NV)=k;
16      end;
17    end;
18  end;
19  lap=sparse(NV,NV);
20  rhs=zeros(NV,1);
21  for v=1:NV
22    j=JJ(v);
23    k=KK(v);
24    lap(v,v)=-4;
25    if isnan(Omega(j+1,k))
26      lap(v,VN(j+1,k))=1;
27    else
28      rhs(v)=rhs(v)-Omega(j+1,k);
29    end;
30    if isnan(Omega(j-1,k))
31      lap(v,VN(j-1,k))=1;
32    else
33      rhs(v)=rhs(v)-Omega(j-1,k);
34    end;
35    if isnan(Omega(j,k+1))
36      lap(v,VN(j,k+1))=1;
37    else
38      rhs(v)=rhs(v)-Omega(j,k+1);
39    end;
```

```
40    if isnan(Omega(j,k-1))
41      lap(v,VN(j,k-1))=1;
42    else
43      rhs(v)=rhs(v)-Omega(j,k-1);
44    end;
45   end;
46   uu=lap\rhs;
47   for v=1:NV
48     u(JJ(v),KK(v))=uu(v);
49   end;
```

Zuerst wird ermittelt, für welche Punktpaare $v = (j, k)$ eine Variable gemeint ist. Jede Variable erhält eine laufende Nummer v, und JJ(v) sowie KK(v) geben die Lage j, k im Rechenfenster an. Umgekehrt berechnet VN(j,k) die laufende Nummer einer Variablen bei j, k. Danach werden die vier Himmelsrichtungen um eine Variable daraufhin untersucht, ob sich in der Nachbarschaft eine andere Variable befindet oder ein Randwert. Der Algorithmus verlässt sich darauf, dass jede Variable oben, unten, rechts oder links eine andere Variable vorfindet oder einen Randwert. Randwerte tragen zur rechten Seite **rhs** bei. ✓

109   Führen Sie

```
1    Omega=omega(0.025);
2    u=laplace(Omega);
```

aus und stellen Sie das Ergebnis u grafisch dar, am besten durch Höhenlinien, etwa 20 im Bereich zwischen 1 und 2. ◇

```
1    Omega=omega(0.025);
2    u=laplace(Omega);
3    x=-2:0.025:2;
4    contour(x,x,u,linspace(1,2,20),'-k');
5    axis square;
```

Das Ergebnis ist Abbildung A.10   ✓

110   Ändern Sie das Programm **laplace.m** so ab, dass auch die Poisson-Gleichung $u_{xx} + u_{yy} = f(x, y)$ gelöst werden kann. ◇

Bisher hatte sich der Wert h für die Schrittweite heraus gekürzt, das gilt nun nicht mehr. Man muss daher die Lösungsfunktion in

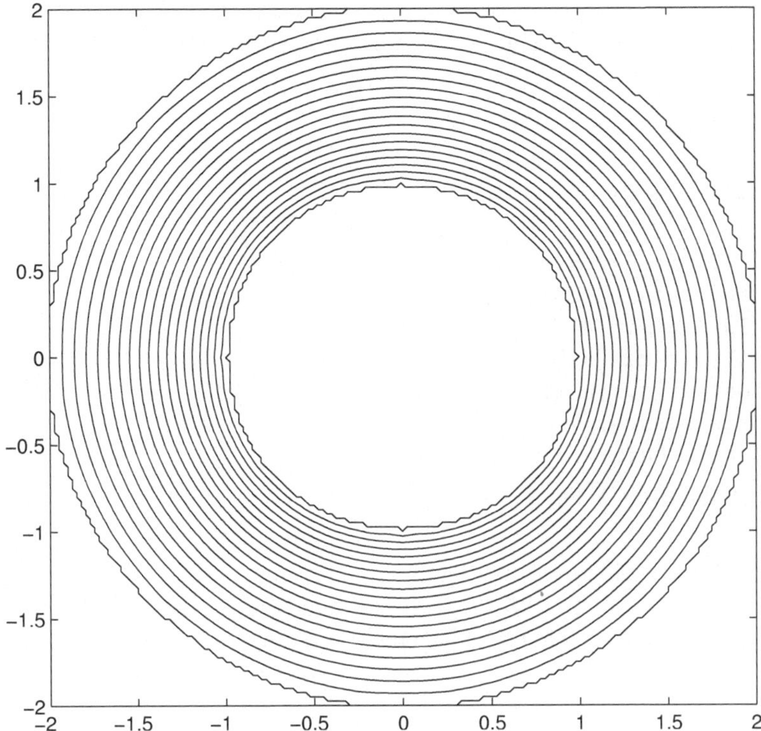

Abb. A.10. Die partielle Differenzialgleichung $u_{xx} + u_{yy} = 0$ wurde mit der Methode der finiten Differenzen direkt gelöst, und zwar im Gebiet $1 \leq r \leq 2$. Im Abstand $r = 1, 2$ vom Zentrum soll das Feld den Wert $u = 1$ beziehungsweise $u = 2$ haben. Mit der Diskretisierung $h = 0.025$ wird die Drehsymmetrie im Inneren sehr gut realisiert, nicht jedoch auf dem Rand. Zwar sind 15044 Variable im Spiel, jedoch lassen sich Kreise auf einem Rechteckgitter nur schlecht darstellen.

```
1    function u=poisson(Omega,f,h)
2    % NaN characterizes a variable
3    % finite numbers are boundary values
4    % solve u_{xx}+u_{yy}-f(x,y)=0
```

abändern. Dabei hat das Feld `f` dieselben Abmessungen wie `Omega`, allerdings werden nur die Werte an denjenigen Stellen gebraucht, für die `Omega` eine Variable vorsieht. Anstelle von `lap(v,v)=-4;` muss man nun

```
29    lap(v,v)=-4-h^2*f(j,k);
```

schreiben, aber das ist auch die einzige Änderung.   ✓

111   Lösen Sie numerisch die Poisson-Gleichung $u_{xx} + u_{yy} = 3x$ auf dem oben beschriebenen Kreisring $1 < r < 2$ mit den Randwerten $u = 1$ für $r = 1$ und $u = 2$ für $r = 2$.   ◇

Das Programm

```
1    h=0.025;
2    OM=omega(h);
3    x=-2:h:2;
4    [X,Y]=meshgrid(x,x);
5    u=poisson(OM,3*X,h);
6    MIN=min(min(u));
7    MAX=max(max(u));
8    contour(x,x,u,linspace(MIN,MAX,25),'-k');
9    axis square;
10   % colorbar;
```

erzeugt Abbildung A.11.   ✓

112   Zu lösen ist die partielle Eigenwertgleichung $-u_{xx} - u_{yy} = \Lambda u$ im Gebiet $0 < x < 1$, $0 < y < 1$. Die Lösung soll auf dem Rand verschwinden. Ermitteln Sie numerisch die sechs kleinsten Eigenwerte. Man vergleiche mit Aufgabe 103. ◇

```
1    N=101;
2    h=1/(N-1);
3    NV=0;
4    for j=2:N-1
5      for k=2:N-1
6        NV=NV+1;
7        JJ(NV)=j;
8        KK(NV)=k;
9        VN(j,k)=NV;
10     end;
11   end;
12   lap=sparse(NV,NV);
13   for v=1:NV
14     j=JJ(v);
15     k=KK(v);
16     lap(v,v)=-4;
17     if j>2
18       lap(v,VN(j-1,k))=1;
19     end;
20     if j<N-1
21       lap(v,VN(j+1,k))=1;
22     end;
23     if k>2
```

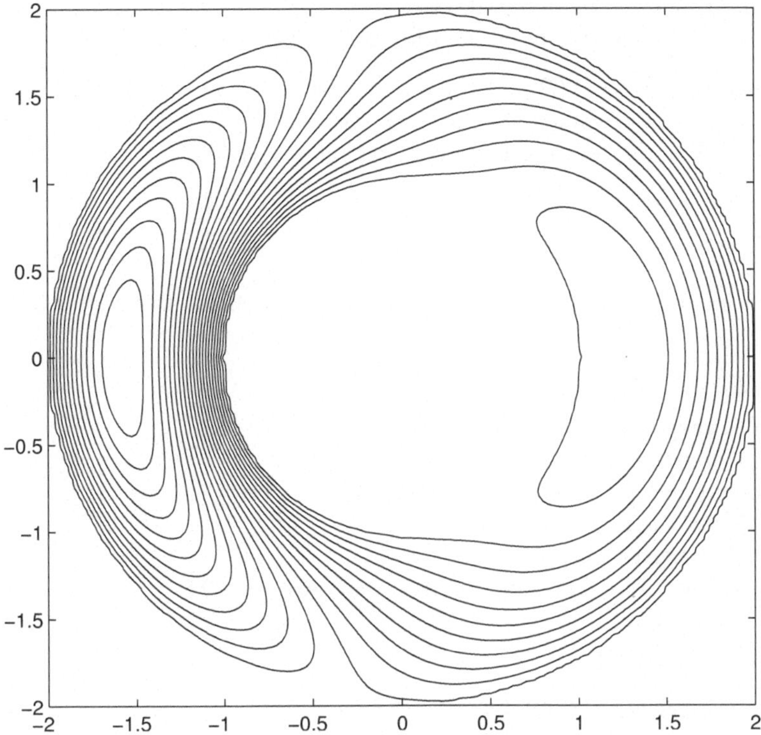

Abb. A.11. Lösung der Poisson-Gleichung $u_{xx}+u_{yy} = 3x$ im Gebiet $1 < r < 2$ mit $u = 1$ für $r = 1$ und $u = 2$ für $r = 2$. Mit der Drehsymmetrie ist es nun vorbei.

```
24          lap(v,VN(j,k-1))=1;
25        end;
26        if k<N-1
27          lap(v,VN(j,k+1))=1;
28        end;
29      end;
30      lap=lap/h^2;
31      ev=eigs(-lap,6,'sm');
```

Die letzte Programmzeile ordnet an, dass die sechs betragsmäßig kleinsten Eigenwerte der dünn besetzten Matrix -lap zu berechnen sind. Die Ergebnisse muss man mit $(m^2+n^2)/\pi^2$ vergleichen, für $(m,n) = (1,1), (2,1), (1,2), (2,2), (3,1)$ und $(1,3)$. ✓

113 Wir betrachten die Wärmeleitungsgleichung für das Gebiet $0 \leq t$ und $-1 \leq x \leq 1$. Die Randbedingung für $u = u(t,x)$ ist $u(t,-1) = u(t,1) = 0$.

Die Anfangsbedingung soll $u(0, x) = \cos(x\pi/2)$ sein, sie ist mit der Randbedingung verträglich. Rechnen Sie die analytische Lösung aus. ◇

Man setzt $u(t, x) = f(t)g(x)$ an und findet $\dot{f}(t)g(x) = fg''(x)$. Man sieht sofort, dass $g(x) = \cos(x\pi/2)$ und $f(t) = \exp{-t\pi^2/4}$ die Randbedingung, die Anfangsbedingung und die Differenzialgleichung erfüllt:

$$u(t, x) = \mathrm{e}^{-t\pi^2/4} \cos(x\pi/2)\,. \tag{36}$$

✓

114   Stellen Sie die Lösung durch 40 Höhenlinien für $0 \le t \le 1.5$ grafisch dar. ◇

```
1    t=linspace(0,1.5,256);
2    x=linspace(-1,1,256);
3    [T,X]=meshgrid(t,x);
4    u=exp(-T*pi^2/4).*cos(X*pi/2);
5    MIN=min(min(u));
6    MAX=max(max(u));
7    contour(T,X,u,linspace(MIN,MAX,40),'-k');
8    % colorbar;
```

Siehe Abbildung A.12   ✓

115   Wir beziehen uns auf die voranstehende Aufgabe. Lösen Sie das Problem numerisch durch explizites Voranschreiten, das heißt $\boldsymbol{u}^{n+1} = \boldsymbol{u}^n + \tau L\boldsymbol{u}^n = (I + \tau L)\boldsymbol{u}^n$. ◇

```
1    clear all;
2    h=0.05;
3    x=(-1:h:1)';
4    M=length(x);
5    tau=0.9*h^2/2;
6    t=(0:tau:1.5);
7    N=length(t);
8    u=zeros(M,N);
9    u(:,1)=cos(x*pi/2);
10   u(1,:)=0;
11   u(M,:)=0;
12   SD=ones(M-3,1)/h^2;
13   MD=-2*ones(M-2,1)/h^2;
14   LL=diag(SD,-1)+diag(MD,0)+diag(SD,1);
15   II=eye(M-2,M-2);
16   PP=II+tau*LL;
17   for n=2:N
18      u(2:M-1,n)=PP*u(2:M-1,n-1);
19   end;
20   [T,X]=meshgrid(t,x);
```

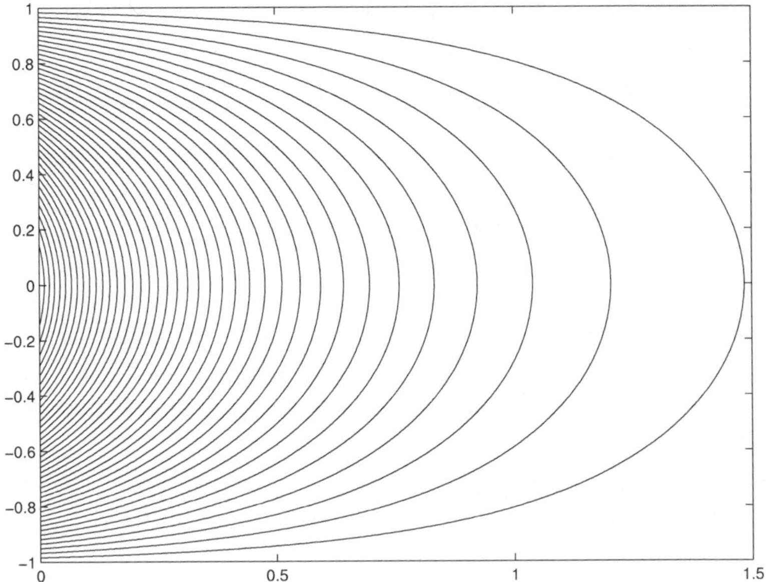

Abb. A.12. Höhenlinien-Darstellung der analytischen Lösung der Wärmeleitungsgleichung (11) im Streifen $-1 \leq x \leq 1$ mit der Randbedingung $u = 0$
und der Anfangsbedingung $u(0, x) = \cos(x\pi/2)$. Die Zeit läuft von links nach
rechts.

```
21    uu=exp(-T*pi^2/4).*cos(X*pi/2);
22    max(max(abs(u-uu)))
```

Bekanntlich ist das Ausbreitungsschema nur für $2\tau < h^2$ stabil. Wir sind bis
knapp an diese Grenze gegangen. Die numerische und die analytische Lösung
unterscheiden sich erst in der vierten Stelle, was bei nur 39 Variablen für x
erstaunlich genau ist. Ersetzt man den Wert 0.9 in Zeile 5 durch 1.1, dann
liegt der Fehler bei 10^{67}. Bei noch etwas größerem τ tritt dann sogar das
gefürchtete NaN auf. ✓

116   Wir beziehen uns auf das Problem 114. Lösen Sie es numerisch durch
implizites Voranschreiten, das heißt $(I - \tau L)u^{n+1} = u^n$. ◇

Man muss das Programm zur voranstehenden Aufgabe nicht neu schreiben,
sondern nur zwei Zeilen abändern, nämlich

```
16    PP=II-tau*LL;
```

und

```
18    u(2:M-1,n)=PP\u(2:M-1,n-1);
```

Nun funktioniert das auch im Falle $2\tau > h^2$. Für $\tau = 10 * h^2/2$ ist der Fehler 60×10^{-4} allerdings schon bedenklich. ✓

117   Lösen Sie das Problem 114 nach dem Crank-Nicolson-Verfahren. ◇

Man muss das Programm zur voranstehenden Aufgabe nicht neu schreiben, sondern nur zwei Zeilen abändern, nämlich

```
16    PF=II+(tau/2)*LL;  PB=II-(tau/2)*LL
```

und

```
18    u(2:M-1,n)=PB\(PF*u(2:M-1,n-1));
```

Der maximale Fehler für $\tau = 10\,h^2/2$ beträgt nun nur noch 1.6×10^{-4}, hat sich also gegenüber dem Implizit-Vorwärts-Rechenschema um einen Faktor 40 verringert. ✓

118   Vergleichen Sie die Crank-Nicolson-Methode mit dem Explizit-Vorwärts-Verfahren für h=0.01. Versuchen Sie, den Fehler kleiner als 10^{-5} zu halten. Welche Zeit brauchen die Programme? ◇

Nach dem Befehl `clear all;` wird `tic;` eingeschoben, nach der `for`-Schleife der Befehl `toc` ohne Semikolon. Mit $\tau = 0.009$ braucht das Crank-Nicolson-Verfahren auf meinem veralteten Laptop gerade 0.8 s bei einem Fehler von 8×10^{-6}. Entsprechende Werte für Explizit-Vorwärts sind $\tau = 0.000035$, etwa 3 s bei praktisch dem gleichen Fehler. Das Implizit-Vorwärts-Verfahren braucht viele Minuten, sie sollten damit gar nicht erst experimentieren. ✓

119   Lösen Sie das Ausbreitungsproblem (13) numerisch mithilfe des Crank-Nicolson-Verfahrens. Der Anfangswert sei $u(0,x) = \exp(-x^2)$, ein Gaußsches Wellenpaket. Die Randwerte sollen $u(t,8) = u(t,-8) = 0$ sein. Damit wird $x = \pm\infty$ durch $x = \pm 8$ genähert, dieses Intervall ist durch etwa 300 Stützstellen darzustellen. Rechnen bis $t = 2$ in Schritten von 0.02. Fertigen Sie eine Höhenlinien-Darstellung für $|u(t,x)|^2$ an. ◇

```
1     function pdcnfig2
2     h=0.05;
3     x=(-8:h:8)';
4     M=length(x);
5     tau=0.02;
6     t=(0:tau:2);
7     N=length(t);
8     u=zeros(M,N);
9     u(:,1)=exp(-x.^2);
10    u(1,:)=0;
11    u(M,:)=0;
```

Damit haben wir die Zeit- und Ortsachse festgelegt und Anfangs- sowie Randwerte definiert. Nun werden der Laplace-Operator, der Eins-Operator sowie
Zähler und Nenner von (15) ausgerechnet:

```
12    SD=ones(M-3,1)/h^2;
13    MD=-2*ones(M-2,1)/h^2;
14    LL=diag(SD,-1)+diag(MD,0)+diag(SD,1);
15    II=eye(M-2,M-2);
16    PPF=II+i*tau*LL/2;
17    PPB=II-i*tau*LL/2;
```

Jetzt wird Schritt für Schritt ausgebreitet:

```
18    for n=2:N
19      u(2:M-1,n)=PPB\(PPF*u(2:M-1,n-1));
20    end;
```

Das Ergebnis soll durch 40 Höhenlinien dargestellt und als pdf-Datei abgespeichert werden:

```
21    [T,X]=meshgrid(t,x);
22    uu=abs(u).^2;
23    MAX=max(max(uu));
24    contour(T,X,uu,linspace(0,MAX,40));
25    colormap gray;
26    axis square;
27    % colorbar;
```

Sehen Sie sich Abbildung A.13 an. Der wirkliche Rand $x = \pm\infty$ wird nie
erreicht und reflektiert daher auch nicht. Es gibt Algorithmen, wie man diese
Eigenschaft auch für ein endliches Rechenfenster simulieren kann. ✓

120   Prüfen Sie (16) nach, sowohl analytisch als auch numerisch für das in
der Aufgabe 119 berechnete Feld u. ◇

Analytisch: Es gilt $\dot{u} = iu''$ und $\dot{u}^* = -iu^{*\,''}$. Das führt auf

$$\frac{\mathrm{d}}{\mathrm{d}t}\, u^*u = -\mathrm{i}(u^*)''u + \mathrm{i}u^*u''\,.$$

Durch partielles Integrieren, und wegen $u(\pm\infty) = 0$, erhält man

$$\frac{\mathrm{d}}{\mathrm{d}t}\int \mathrm{d}x\, u^*u = +\mathrm{i}\int \mathrm{d}x\, u^{*\,'}u' - \mathrm{i}\int \mathrm{d}x\, u^{*\,'}u' = 0\,.$$

Numerisch: Der Befehl `max(sum(uu,1))-min(sum(uu,1))` liefert 2×10^{-13}
ab. Das ist übrigens das Problem: die Energie bleibt im Rechenfenster, aber
sie sollte ins Unendliche verschwinden. ✓

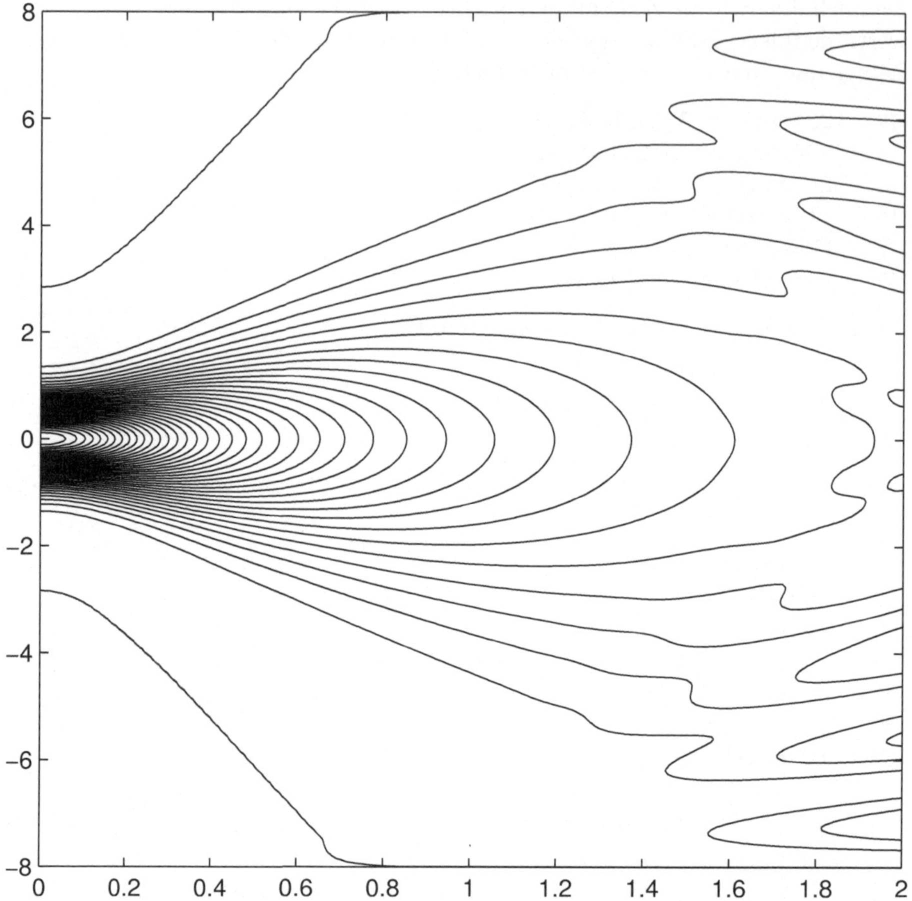

Abb. A.13. Numerische Lösung der Fresnel- oder Schrödingergleichung für ein homogenes optisches Medium beziehungsweise im freien Raum. Dargestellt wird die Energie beziehungsweise Aufenthaltswahrscheinlichkeit $|u(t,x)|^2$. Die Bedingung $u = 0$ bewirkt, dass das Feld am Rand reflektiert wird, das führt zu unerwünschten Interferenzen.

A.5 Lineare Operatoren

121   Der $\mathbb{R}^3$ mit den Vektoren $\boldsymbol{x} = (x_1, x_2, x_3)$ ist ein linearer Raum. Dabei sind die x_j reelle Zahlen. $\boldsymbol{x} + \boldsymbol{y}$ ist durch $(x_1 + y_1, x_2 + y_2, x_3 + y_3)$ erklärt und $\alpha\boldsymbol{x}$ durch $(\alpha x_1, \alpha x_2, \alpha x_3)$, für $\alpha \in \mathbb{R}$. Deklinieren Sie die Regeln für einen linearen Raum durch. $\diamond$

Die Anforderungen

- $x + (y + z) = (x + y) + z$
- $x + y = y + x$
- $\alpha(\beta x) = (\alpha\beta)x$
- $\alpha(x + y) = \alpha x + \alpha y$

sind offensichtlich erfüllt. ✓

122   Die Menge der Polynome vom Rang N ist <u>kein</u> linearer Raum. Warum?
◇

Nehmen wir $N = 2$ an. $p(z) = z^2$ und $q(z) = 1 + z - z^2$ sind Polynome vom Rang 2. Die Summe $p(z) + q(z) = 1 + z$ hat den Rang 1, ist also kein Polynom vom Rang 2. ✓

123   Machen Sie sich klar, dass die Ableitung D, erklärt durch $Dp = p'$, ein linearer Operator ist, der $\mathcal{P}_N$ in $\mathcal{P}_N$ abbildet. ◇

Für $p(z) = a_0 + a_1 z + \ldots a_j z^j$ mit $j < N$ ergibt sich $p'(z) = a_1 + 2a_2 z + \ldots a_j z^{j-1}$. Das ist eine Polynom vom Rang $j - 1$. Die Ableitung gehört also zu $\mathcal{P}_{N-1}$ und damit auch zu $\mathcal{P}_N$. Dass die Ableitung eine lineare Operation ist, muss hier nicht weiter erörtert werden. ✓

124   Die Polynome $p_j(z) = z^j$ für $j = 0, 1, \ldots, N$ sind linear unabhängig. Warum? ◇

Eine beliebige Linearkombination $a_0 z^0 + a_1 z^1 + \ldots + a_N z^N$ wird nur dann für alle z verschwinden, wenn $a_0 = a_1 = \ldots = a_N = 0$ gilt. Nach dem Fundamentalsatz der Algebra kann nämlich jedes nicht-konstante Polynom vom Rang N als $a^N(z - z_1)(z - z_2)\ldots(z - z_N)$ geschrieben werden und hat daher höchstens N Nullstellen, und nicht beliebig viele. ✓

125   Wir beziehen uns auf die voranstehende Aufgabe. Der Ableitung D wird eine Matrix D_{jk} dadurch zugeordnet, dass $Dp_j = p'_j = \sum_k D_{jk} p_k$ gilt. Wie sieht diese Matrix aus? Achtung: die Indizes durchlaufen den Bereich $0 \leq j, k \leq N$. ◇

$D_{j,j-1} = j$ für $j = 1, 2, \ldots, N$ und Null sonst. ✓

126   Dasselbe für die zweifache Ableitung D^2. Zeigen Sie, dass D^2 durch DD dargestellt wird (Matrixmultiplikation). ◇

$D^2_{j,j-2} = j(j - 1)$ für $j = 2, 3, \ldots, N$ und Null sonst. Zu $\sum_m D_{jm} D_{mk}$ trägt nur $m = j - 1$ bei, und das auch nur dann, wenn $D_{j-1,k}$ nicht verschwindet, also für $k = j - 2$. Dann ergibt sich $j(j - 1)$, wie es sein sollte. ✓

127   Geben Sie zwei reellwertige 2×2-Matrizen M und N an, die nicht miteinander vertauschen. ◇

$$M = \begin{pmatrix} 0 & 1 \\ 0 & 0 \end{pmatrix} \quad \text{und} \quad N = \begin{pmatrix} 0 & 0 \\ 1 & 0 \end{pmatrix}$$

vertauschen nicht miteinander, denn es gilt

$$MN = \begin{pmatrix} 1 & 0 \\ 0 & 0 \end{pmatrix} \quad \text{und} \quad NM = \begin{pmatrix} 0 & 0 \\ 0 & 1 \end{pmatrix}.$$

$\checkmark$

128   Die Matrix

$$R(\alpha) = \begin{pmatrix} \cos\alpha & -\sin\alpha \\ \sin\alpha & \cos\alpha \end{pmatrix}$$

beschreibt eine Drehung um den Winkel α in der x_1, x_2-Ebene. Rechnen Sie $R(\alpha + \beta) = R(\alpha)R(\beta) = R(\beta)R(\alpha)$ nach. Die Formeln für $\cos(\alpha + \beta)$ sowie $\sin(\alpha + \beta)$ sind ein Nebenergebnis der Rechnung. $\diamond$

$$R(\alpha)R(\beta) = \begin{pmatrix} \cos\alpha\cos\beta - \sin\alpha\sin\beta & -\cos\alpha\sin\beta - \sin\alpha\cos\beta \\ \cos\alpha\sin\beta + \sin\alpha\cos\beta & -\sin\alpha\sin\beta + \cos\alpha\cos\beta \end{pmatrix}.$$

Das Ergebnis ändert sich nicht, wenn man α und β vertauscht. $\checkmark$

129   Wir betrachten $\mathcal{P}_{[-1,1]}$, die Menge der komplexwertigen Polynome $p = p(x)$ für $x \in [0, 1]$. Prüfen Sie nach, dass

$$(q, p) = \frac{1}{2} \int_{-1}^{1} \mathrm{d}x \, q^*(x)\, p(x)$$

ein Skalarprodukt definiert. $\diamond$

Zuerst einmal, Polynome sind stetige Funktionen, und daher ist das Integral wohldefiniert. $(q, p) = (p, q)^*$ ist klar, und auch $(q, c_1 p_1 + c_2 p_2) = c_1(q, p_1) + c_2(q, p_2)$. Dass (f, f) nur für das Nullpolynom $f(x) = 0$ verschwinden kann, ist ebenfalls einsichtig. $\checkmark$

130 $\mathcal{P}_{[-1,1]}$ ist <u>kein</u> Hilbertraum. Es gibt im Sinne von Cauchy konvergente Folgen von Polynomen, die kein Polynom als Grenzwert haben. Denken Sie sich ein Beispiel aus. $\diamond$

Sei $p_n(x) = 1 + x^1/1! + x^2/2! + \ldots + x^n/n!$. Bekanntlich konvergiert die Folge $p_n(x)$ punktweise gegen die Exponentialfunktion. Nun kann man gemäß

$$\frac{1}{2}\int_{-1}^{1} \mathrm{d}x \, \left| \mathrm{e}^x - p_n(x)\right|^2 = \frac{1}{2}\int_{-1}^{1} \mathrm{d}x \, \left| \sum_{j=pn+1}^{\infty} \frac{x^j}{j!} \right|^2 \leq \left| \sum_{j=n+1}^{\infty} \frac{1}{j!} \right|^2$$

abschätzen, wegen $|x| \leq 1$. Mit $n \to \infty$ verschwindet die rechte Seite, weil die Exponentialfunktion bei $x = 1$ konvergiert. Damit ist gezeigt, dass die Folge

$p_1, p_2, \ldots$ im Sinne von Cauchy konvergiert. Die Folge hat aber in $\mathcal{P}_{[-1,1]}$ keinen Grenzwert, denn die Exponentialfunktion ist kein Polynom. ✓

131 Geben Sie drei Polynome p_n vom Grad 0, 1 beziehungsweise 2 an, sodass $(p_j, p_k) = \delta_{jk}$ gilt, mit dem Skalarprodukt der Aufgabe 129. ◇

$p_1(x) = 1$ ist schon normiert. Ein Polynom ersten Grades, das senkrecht darauf steht, ist $p_2(x) \propto x$. $(p_2, p_2) = 1$ führt auf $p_2(x) = \sqrt{3}x$. Für p_3 setzen wir ein gerade Polynom an, $p_3(x) \propto 1 + ax^2$. Damit gilt automatisch $(p_2, p_3) = 0$. (p_1, p_3) bedeutet $a = -3$. Die Normierung $(p_3, p_3) = 1$ führt dann zu $p_3(x) = \sqrt{5/4}(1 - 3x^2)$. ✓

132 Überprüfen Sie die Schwarzsche Ungleichung $|(q, p)|^2 \leq (q, q)(p, p)$ für $p(x) = x$ und $q(x) = x(1 + x)$. Wir beziehen uns auf das Skalarprodukt der Aufgabe 129. ◇

Es gilt $(p, p) = 1/3$, $(q, q) = 8/15$ und $(q, p) = 1/3$. In der Tat stimmt $1/9 \leq (1/3)(8/15) = 8/45$. p und q stehen also nicht senkrecht aufeinander und sind auch nicht parallel. ✓

133 Wir beziehen uns auf die voranstehende Aufgabe. Überprüfen Sie die Dreiecksungleich $\|p + q\| \leq \|p\| + \|q\|$. ◇

Die Norm von $p + q$ rechnet man als $\sqrt{23/15} = 1.2383$. Mit $\|p\| = \sqrt{1/3} = 0.5774$ und $\|q\| = \sqrt{8/15} = 0.7303$, zusammen 1.3076, ist die Dreiecksungleichung tatsächlich erfüllt.

Man kann das auch analytisch nachweisen. Zu zeigen ist $\sqrt{23} \leq \sqrt{5} + \sqrt{8}$. Quadriert ergibt das $23 \leq 5 + 8 + \sqrt{160}$. Die rechte Seite ist größer als $5 + 8 + \sqrt{100}$, und damit ist die Ungleichung bewiesen. ✓

134 Prüfen Sie anhand von

$$M = \begin{pmatrix} 1 & i \\ 0 & -1 \end{pmatrix} \quad \text{und} \quad N = \begin{pmatrix} 0 & i \\ i & 0 \end{pmatrix}$$

nach, dass $(NM)^\dagger = M^\dagger N^\dagger$ gilt. ◇

$$NM = \begin{pmatrix} 0 & -i \\ i & -1 \end{pmatrix} \quad \text{daher} \quad (NM)^\dagger = \begin{pmatrix} 0 & -i \\ i & -1 \end{pmatrix}.$$

$$M^\dagger N^\dagger = \begin{pmatrix} 1 & 0 \\ -i & -1 \end{pmatrix} \begin{pmatrix} 0 & -i \\ -i & 0 \end{pmatrix} = \begin{pmatrix} 0 & -i \\ i & -1 \end{pmatrix}.$$

Richtig gerechnet. ✓

135   Unfein, aber trotzdem aussagekräftig: dasselbe numerisch. ⋄

```
1    M=[1,i;0,-1];
2    N=[0,i;i,0];
3    norm((N*M)'-M'*N')
```

Das Ergebnis 0 spricht für sich. ✓

136   Wir reden von dem linearen Operator M der Aufgabe 134. Nehmen Sie sich die Vektor $\boldsymbol{x} = (-1, 2\mathrm{i})$ und $\boldsymbol{y} = (\mathrm{i}, -1)$ vor und rechnen damit $\boldsymbol{x}' = M\boldsymbol{x}$ sowie $\boldsymbol{y}' = M^\dagger \boldsymbol{y}$ aus. Kommt wirklich $(\boldsymbol{y}, \boldsymbol{x}') = (\boldsymbol{y}', \boldsymbol{x})$ heraus? ⋄

Man berechnet die Bilder $\boldsymbol{x}' = (-3, -2\mathrm{i})$ und $\boldsymbol{y}' = (\mathrm{i}, 2)$. Für $(\boldsymbol{y}, \boldsymbol{x}')$ kommt 5i heraus, für $(\boldsymbol{y}', \boldsymbol{x})$ dasselbe. Richtig gerechnet. ✓

137   Zeigen Sie, dass

$$\Pi = \frac{1}{2} \begin{pmatrix} 1 & 1 \\ 1 & 1 \end{pmatrix}$$

ein Projektor ist. Wie sieht $\Pi' = I - \Pi$ aus? Prüfen Sie $\Pi'\Pi = 0$ nach. ⋄

Π ist selbstadjungiert und es gilt $\Pi\Pi = \Pi$. Für $I - \Pi$ ergibt sich

$$\Pi' = \frac{1}{2} \begin{pmatrix} -1 & 1 \\ -1 & 1 \end{pmatrix}.$$

Das ist wiederum ein Projektor. Wie es sein muss, gilt $\Pi'\Pi = 0$. ✓

138   Berechnen Sie die Eigenwerte des Projektors Π der voranstehenden Aufgabe. Vor dem Rechnen: welche Eigenwerte erwarten Sie? ⋄

Das charakteristische Polynom $\det(\Pi - \lambda I) = (1/2 - \lambda)^2 - 1/4$ hat die Nullstellen $\lambda = 1$ und $\lambda = 0$. Das war zu erwarten: Im $\mathbb{R}^2$ gibt es einen zweidimensionalen Teilraum, viele eindimensionale und einen nulldimensionalen. Ersterer ist $\mathbb{R}^2$ selber mit dem zweifachen Eigenwert 1. Letzterer ist der Nullraum mit dem zweifachen Eigenwert 0. Da Π von I und der Nullmatrix 0 verschieden ist, müssen die Eigenwerte gerade 1 und 0 sein. ✓

139   Wir beziehen uns auf die voranstehende Aufgabe. Rechnen Sie die beiden (normierten) Eigenvektoren χ_1 und χ_0 aus und beschreiben Sie die zugehörigen Teilräume. ⋄

$\Pi\chi_1 = \chi_1$ führt auf $\chi_1 \propto (1, 1)$, daher $\chi_1 = (1, 1)/\sqrt{2}$. $\Pi\chi_0 = 0$ dagegen führt auf $\chi_0 = (1, -1)/\sqrt{2}$. Die entsprechenden linearen Teilräume des $\mathbb{R}^2$ mit den Punkten $\boldsymbol{x} = (x_1, x_2)$ sind die Geraden $x_2 = x_1$ beziehungsweise $x_2 = -x_1$. Wie es sein muss, stehen diese senkrecht aufeinander. ✓

140   Wir betrachten den Projektor $\Pi = \Pi(\alpha)$ im (reellen) Hilbertraum $\mathbb{R}^2$. Er soll auf eine Gerade projizieren, die durch $(\cos\alpha, \sin\alpha)$ aufgespannt wird.

Konstruieren Sie $\Pi(\alpha)$. Überprüfen Sie das Ergebnis auf Glaubwürdigkeit für $\alpha = 0$, $\pi/2$ und $\pi/4$, auch für $I - \Pi(\alpha)$. $\diamond$

Eine Möglichkeit, das Problem zu lösen, ist die folgende. Man dreht die Ebene erst um den Winkel α, projiziert dann auf die neue 1-Achse, und dreht wieder zurück. Das läuft auf

$$\Pi(\alpha) = \left(\begin{array}{cc} \cos\alpha & -\sin\alpha \\ \sin\alpha & \cos\alpha \end{array} \right) \left(\begin{array}{cc} 1 & 0 \\ 0 & 0 \end{array} \right) \left(\begin{array}{cc} \cos\alpha & \sin\alpha \\ -\sin\alpha & \cos\alpha \end{array} \right)$$

hinaus und ergibt

$$\Pi(\alpha) = \left(\begin{array}{cc} \cos^2\alpha & \cos\alpha\sin\alpha \\ \cos\alpha\sin\alpha & \sin^2\alpha \end{array} \right).$$

Für $\alpha = 0$ ist das die Projektion auf die 1-Achse, für $\alpha = \pi/2$ auf die 2-Achse. Für $\alpha = \pi/4$ kommt das Π der Aufgabe 137 heraus. Alles stimmt. Auch für

$$\Pi' = I - \Pi(\alpha) = \left(\begin{array}{cc} \sin^2\alpha & -\cos\alpha\sin\alpha \\ -\cos\alpha\sin\alpha & \cos^2\alpha \end{array} \right).$$

Beide Matrizen sind selbstadjungiert. $\checkmark$

141   Wir betrachten den Kreis $s \to \boldsymbol{\xi}(s) = (\cos s, \sin s)$, für $s \in [0, 2\pi]$. Wir bilden ihn linear mit

$$M = \frac{5}{4}\,\Pi(\alpha) + \frac{3}{4}\,\Pi'(\alpha)$$

ab auf $\boldsymbol{\eta}(s) = M\boldsymbol{\xi}(s)$. Stellen sie die Kurven $\boldsymbol{\xi}$ und $\boldsymbol{\eta}$ für den Winkel $\alpha = \pi/6$ (das sind 30 Grad) graphisch dar. $\diamond$

```
1    s=linspace(0,2*pi,256);
2    xi=[cos(s);sin(s)];
3    alpha=pi/6;
4    ca=cos(alpha);
5    sa=sin(alpha);
6    P1=[ca.*ca,ca.*sa;sa.*ca,sa.*sa];
7    P0=[sa.*sa,-sa.*ca;-ca.*sa,ca.*ca];
8    M=(5/4)*P1+(3/4)*P0;
9    eta=M*xi;
10   plot(xi(1,:),xi(2,:),'-k','LineWidth',1.5);
11   hold on;
12   plot(eta(1,:),eta(2,:),'-k','LineWidth',1.5);
13   hold off;
14   axis equal;
```

Mit diesem Programm wurde Abbildung A.14 erzeugt. $\checkmark$

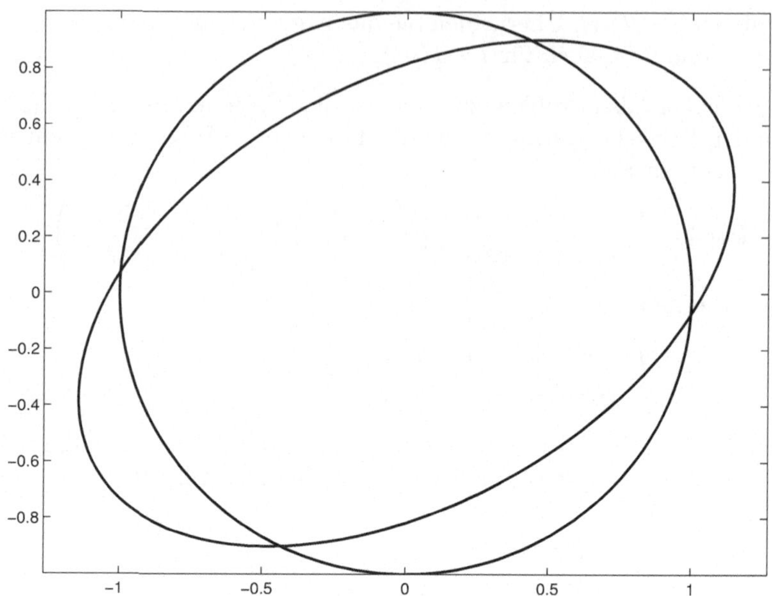

Abb. A.14. Projektion auf zwei senkrechte Achsen und anschließende Verzerrung mit den Faktoren 5/4 und 3/4. Aus einem Kreis wird eine gedreht Ellipse.

142 U sei eine unitäre Matrix: $UU^\dagger = U^\dagger U = I$. Zeigen Sie: wenn Π ein Projektor ist, dann ist $\Pi' = U\Pi U^\dagger$ wiederum ein Projektor. Außerdem: wenn die Projektoren Π_1 und Π_2 im Sinne von $\Pi_1\Pi_2$ zueinander orthogonal sind, dann gilt das auch für Π_1' und Π_2'. ◇

$\Pi^\dagger = \Pi$ zieht

$$(\Pi')^\dagger = (U\Pi U^\dagger)^\dagger = U\Pi U^\dagger = \Pi'$$

nach sich. Ebenso folgt aus $\Pi\Pi = \Pi$ die Beziehung

$$\Pi'\Pi' = U\Pi U^\dagger U\Pi U^\dagger = U\Pi U^\dagger = \Pi'.$$

Π' ist also wieder ein Projektor.

Aus $\Pi_1\Pi_2 = 0$ folgt

$$\Pi_1'\Pi_2' = U\Pi_1 U^\dagger U\Pi_2 U^\dagger = 0.$$

Die neuen Projektoren sind also wiederum zueinander orthogonal. ✓

143 Zeigen Sie, dass der Projektor Π dieselben Eigenwerte hat wie der neue Projektor $\Pi' = U\Pi U^\dagger$. Die Matrix U ist unitär. ◇

Die Eigenwerte λ einer quadratischen Matrix M sind die Nullstellen des charakteristischen Polynoms $\det(M - \lambda I)$. Es gilt

$$\det(U \Pi U^\dagger - \lambda I) = \det(U(\Pi - \lambda I)U^\dagger) = \det(\Pi - \lambda I)\,.$$

Die Determinante eines Produktes von Matrizen ist das Produkt der Determinanten. Und $\det(U)\det(U^\dagger) = \det(UU^\dagger)$ hat den Wert 1. Π und Π' haben dasselbe charakteristische Polynom und daher dieselben Eigenwerte. ✓

144 $\Pi : \mathcal{H} \to \mathcal{H}$ sei ein Projektor, für $\mathcal{H} = \mathbb{C}^n$. Der lineare Teilraum $\Pi \mathcal{H}$ werde durch das Orthonormalsystem $\chi_1, \chi_2, \ldots, \chi_k$ aufgespannt. Zeigen Sie, dass die $U\chi_j$ den linearen Teilraum $\Pi'\mathcal{H}$ aufspannen, mit $\Pi' = U \Pi U^\dagger$. Die Matrix U ist unitär. ◇

Sei $\phi \in \Pi \mathcal{H}$. Man kann es als $\phi = c_1 \chi_1 + c_2 \chi_2 + \ldots + c_k \chi_k$ schreiben. Nach Voraussetzung gilt $\Pi \phi = \phi$. Für $U\phi$ gilt dann $U \Pi U^\dagger U \phi = U\phi$. $U\phi$ gehört also zu $\Pi'\mathcal{H}$ und kann als $U\phi = c_1 U\chi_1 + c_2 U\chi_2 + \ldots + c_k U\chi_k$ dargestellt werden. Das war zu zeigen. ✓

145 Zeigen Sie, dass (18) ein normaler Operator ist. ◇

Man berechnet

$$N^\dagger N = \sum_{jk} \nu_j^* \nu_k \Pi_j \Pi_k = \sum_j |\nu_j|^2 \Pi_j\,.$$

Für $NN^\dagger$ kommt dasselbe heraus. ✓

146 Überzeugen Sie sich davon, dass ein linearer Operator A mit $A = A^\dagger$ (selbstadjungiert) normal ist. Welche Eigenschaft haben die Eigenwerte? ◇

Aus $A = A^\dagger$ folgt $AA^\dagger = AA = A^\dagger A$. A ist daher normal. Für die Eigenwerte ν_j gemäß (18) gilt $\nu_j^* = \nu_j$, sie sind also reell. Selbstadjungierte lineare Operatoren sind normal und haben reelle Eigenwerte. ✓

147 Überzeugen Sie sich davon, dass ein linearer Operator U mit $U^\dagger U = I$ (unitär) normal ist. Welche Eigenschaft haben die Eigenwerte? ◇

Unitäre Operatoren sind durch $U^\dagger U = I$ gekennzeichnet. Das bedeutet $(Ug, Ug) = (g, g)$ für alle $f, g \in \mathcal{H}$. Jeder vom Nullvektor verschiedene Vektor wird in einen vom Nullvektor verschiedenen Vektor abgebildet. U beschreibt daher eine umkehrbare Abbildung, und es gibt einen linearen Operator U^{-1}. Aus $U^\dagger U = I$ folgt, wenn man von rechts mit U^{-1} multipliziert, die Gleichung $U^\dagger = U^{-1}$. Multipliziert man das nun von links mit U, so ergibt sich $UU^\dagger = I$. Das heißt $UU^\dagger = U^\dagger U$, und daher ist U ein normaler linearer Operator. Wegen $U^\dagger U = I$ gilt für die Eigenwerte $|\nu_j|^2 = 1$. Unitäre Operatoren sind normal und haben Eigenwerte mit dem Betrag 1. ✓

148 Zeigen Sie, dass positive Operatoren normal sind und positive (nichtnegative) Eigenwerte haben. ◇

Wegen $P^\dagger = Z^\dagger Z$ gilt $P = P^\dagger$. Ein positiver linearer Operator ist selbstadjungiert und damit normal. Aus $(f, Pf) = (Zf, Zf) \geq 0$ folgt, dass P auf alle

Eigenvektoren mit positiven (nicht-negativen) Eigenwerten wirkt. $P = Z^\dagger Z$ ist also normal und hat nur nicht-negative Eigenwerte. Man beachte, dass Z nicht normal sein muss. ✓

149   Um Vertrauen in diese sehr abstrakten Überlegungen zu gewinnen, konstruieren wir ein positive 4×4-Matrix P gemäß $P = ZZ^\dagger$ aus einer zufälligen Matrix Z. Sind die Eigenwerte wirklich positiv? ◇

```
1    RND=randn(4,4);
2    P=RND*RND';
3    eig(P)
```

liefert tatsächlich nur positive Eigenwerte ab. ✓

150   Erzeugen Sie eine zufällige selbstadjungierte 4×4-Matrix A und lassen Sie [a,p]=normal(A) ausrechnen. Überzeugen Sie sich davon, dass A mit der Summe a(k)*p(:,:,k) über k=1:4 übereinstimmt. ◇

```
1    Z=randn(4,4);
2    A=(Z+Z')/2;
3    [a,p]=normal(A);
4    AA=zeros(4,4);
5    for k=1:4
6       AA=AA+a(k)*p(:,:,k);
7    end;
8    norm(A-AA)
```

Der Wert von einigen 10^{-15} überzeugt. ✓

151   Wir beziehen uns auf den darüber stehenden Text. Zeigen Sie, dass ein eindimensionaler Projektor Π ein beliebiges $f \in \mathcal{H}$ in $\Pi f = (\chi, f)\chi$ abbildet. ◇

f kann als $f = c\chi + g$ geschrieben werden, wobei g auf χ senkrecht steht. Daher gilt $\Pi f = c\chi$. Aus $(\chi, \Pi f) = (\Pi \chi, f) = (\chi, f) = c$ folgt $\Pi f = (\chi, f)\chi$, was zu zeigen war. ✓

152   Zeigen Sie: die Spur eines Dichteoperators W kann alternativ als Summe über dessen Eigenwerte ausgerechnet werden, die mit der Dimension des zugehörigen Eigenraumes (Multiplizität) zu multiplizieren sind. ◇

Weil W positiv und damit normal ist, darf man

$$W = \sum_j w_j \Pi_j$$

schreiben, mit einer Zerlegung der Eins in paarweise orthogonale Projektoren Π_j. Jeder Eigenraum $\Pi_j\mathcal{H}$ wird durch eine Orthonormalsystem $\chi_{j,k}$ aufgespannt, wobei $k = 1, 2, \ldots, d_j$ gilt. d_j ist die Dimension des Eigenraumes $\Pi_j\mathcal{H}$

zum Eigenwerte w_j. Weil man die Spur gemäß (19) mit irgendeinem vollständigen Orthonormalsystems ausrechnen darf, dürfen wir die $\chi_{j,k}$ verwenden. Sie sind normiert und stehen senkrecht aufeinander. Das gilt für festes j und verschiedene Indizes k, aber auch für verschiedene j, weil die Eigenräume orthogonal zueinander sind. Das heißt

$$\operatorname{tr} W = \sum_{j} \sum_{k=1}^{d_j} (\chi_{j,k}, W\chi_{j,k}) = \sum_{j} d_j w_j \,.$$

Genau das war zu zeigen. $\checkmark$

153 $P \geq 0$ sei ein positiver Operator. Konstruieren Sie eine positive Wurzel $Z = \sqrt{P}$. $\diamond$

Das klingt schrecklich, ist aber trotzdem ganz einfach. P kann als $P = p_1 \Pi_1 + p_2 \Pi_2 + \ldots$ geschrieben werden, mit $p_j \geq 0$ und $I = \Pi_1 + \Pi_2 + \ldots$ als einer Zerlegung der Eins in paarweise orthogonale Projektoren. Jedes $Z = \pm\sqrt{p_1}\,\Pi_1 \pm \sqrt{p_2}\,\Pi_2 \pm \ldots$ löst die Gleichung $Z^2 = P$. Aber nur dann, wenn man immer das positive Vorzeichen wählt, ist die Wurzel positiv (im Sinne von nicht-negativ). $\checkmark$

154 Man betrachtet die Matrix

$$\sigma = \begin{pmatrix} 0 & -\mathrm{i} \\ \mathrm{i} & 0 \end{pmatrix}.$$

Berechnen Sie $\exp(\mathrm{i}\alpha\sigma)$ als Potenzreihe. $\diamond$

Es gilt $\sigma^2 = I$, und damit

$$\mathrm{e}^{\mathrm{i}\alpha\sigma} = I + \frac{\mathrm{i}\alpha}{1!}\sigma + \frac{\mathrm{i}^2\alpha^2}{2!}I + \frac{\mathrm{i}^3\alpha^3}{3!}\sigma + \ldots \,.$$

Das läuft auf

$$\mathrm{e}^{\mathrm{i}\alpha\sigma} = \cos(\alpha)I + \mathrm{i}\sin(\alpha)\sigma$$

hinaus. $\checkmark$

155 Wir beziehen uns auf die voranstehende Aufgabe. σ ist selbstadjungiert, also normal. Stellen Sie die Matrix als $\sigma = \lambda_1 \Pi_1 + \lambda_2 \Pi_2$ dar, mit reellen Eigenwerten und paarweise orthogonalen Projektoren. Rechnen Sie $\exp(\mathrm{i}\alpha\sigma)$ als $\exp(\mathrm{i}\lambda_1\alpha)\Pi_1 + \exp(\mathrm{i}\lambda_2\alpha)\Pi_2$ aus. $\diamond$

Die Eigenwerte sind $\lambda_1 = 1$ und $\lambda_2 = -1$. Dazu gehören die normierten Eigenvektoren $\chi_1 = (1, \mathrm{i})/\sqrt{2}$ und $\chi_2 = (1, -\mathrm{i})/\sqrt{2}$. Das führt auf die Projektoren

$$\Pi_1 = \frac{1}{2} \begin{pmatrix} 1 & -\mathrm{i} \\ \mathrm{i} & 1 \end{pmatrix} \quad \text{und} \quad \Pi_2 = \frac{1}{2} \begin{pmatrix} 1 & \mathrm{i} \\ -\mathrm{i} & 1 \end{pmatrix}.$$

Damit berechnen wir

$$\mathrm{e}^{\,\mathrm{i}\alpha\sigma} = \begin{pmatrix} \cos(\alpha) & \sin(\alpha) \\ -\sin(\alpha) & \cos(\alpha) \end{pmatrix}.$$

Das stimmt mit dem Ergebnis der voranstehenden Aufgabe überein. Also: richtig gerechnet. ✓

156   Konstruieren Sie eine selbstadjungierte Matrix A aus Zufallszahlen und berechnen Sie $U = \exp(\mathrm{i}A)$ mithilfe der Funktion **expm**[1]. Stellen Sie die Eigenwerte von U in der komplexen Zahlenebene dar. ◇

```
1    RND=randn(100,100);
2    A=(RND+RND')/2;
3    U=expm(i*A);
4    ev=eig(U);
5    plot(real(ev),imag(ev),'ok','MarkerSize',3,...
6    'MarkerFaceColor','k','MarkerEdgeColor','k');
```

Das Ergebnis ist die Abbildung A.15.   ✓

157   Zeigen Sie, dass für zwei normale Operatoren A und B mit $[B, A] = 0$ auch $[B, f(A)] = 0$ gilt. Mit anderen Worten, wenn B mit A vertauscht, dann vertauscht es auch mit jeder Funktion $f(A)$. ◇

$$[B, f(A)] = \sum_j (\beta_j f(\alpha_j) - f(\alpha_j)\beta_j)\Pi_j = 0. ✓$$

158   Prüfen Sie das auch numerisch nach. Erzeugen Sie eine zufällige positive 4×4-Matrix P und berechnen Sie den Kommutator $\left[P, \sqrt{P}\right]$. ◇

```
1    RND=randn(4,4);
2    P=RND*RND';
3    [e,p]=normal(P);
4    W=zeros(4,4);
5    for k=1:4
6      W=W+sqrt(e(k))*p(:,:,k);
7    end;
8    norm(P-W*W)+norm(P*W-W*P)
```

Das Ergebnis von ungefähr 10^{-14} bestätigt, das W tatsächlich eine Wurzel aus P ist und dass P und W miteinander vertauschen. Man kann nur darüber staunen, dass ein so kurzes Programm so viel Mathematik zu illustrieren vermag. ✓

159   Zeigen Sie für zwei vertauschende normale Operatoren A und B, dass

$$\mathrm{e}^{A+B} = \mathrm{e}^{A}\,\mathrm{e}^{B}$$

gilt. ◇

---

[1] Diese Funktion ist viel effizienter als ein hausbackenes Programm mit unserer Funktion **normal**, macht jedoch dasselbe.

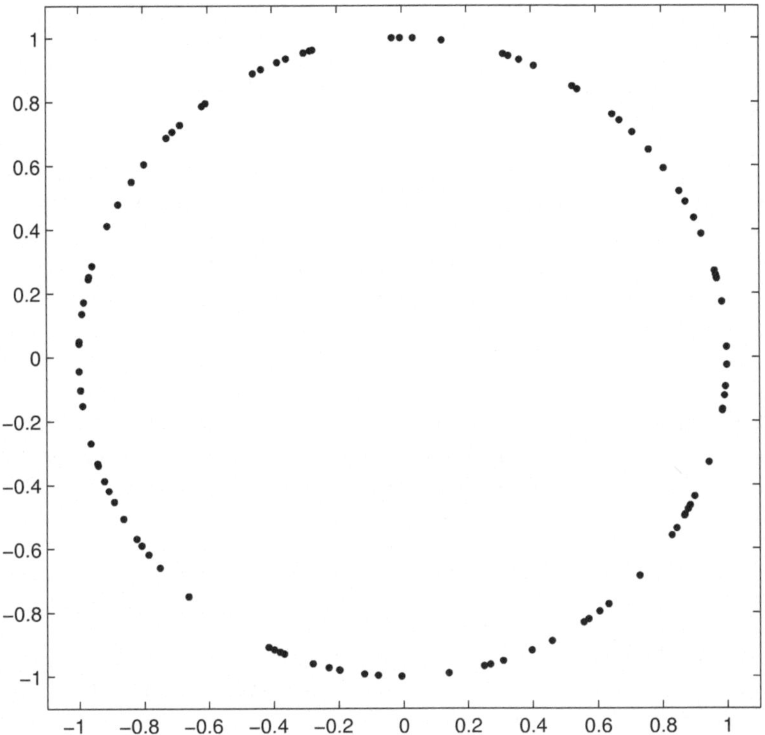

Abb. A.15. Die Eigenwerte einer zufälligen unitären Matrix in der komplexen Zahlenebene.

A und B vertauschen, können also gemeinsam diagonalisiert werden. Das bedeutet: es gibt eine Zerlegung $I = \Pi_1 + \Pi_2 + \ldots$ der Eins in paarweise orthogonale Projektoren, sodass $A = a_1\Pi_1 + a_2\Pi_2 + \ldots$ geschrieben werden kann und $B = b_1\Pi_1 + b_2\Pi_2 + \ldots$ Die a_j, b_j sind in Allgemeinen komplexe Zahlen. Daraus folgt $A + B = (a_1 + b_1)\Pi_1 + (a_2 + b_2)\Pi_2 + \ldots$, daher

$$\mathrm{e}^{A+B} = \sum_j \mathrm{e}^{a_j + b_j}\,\Pi_j = \mathrm{e}^{a_j}\,\mathrm{e}^{b_j}\,\Pi_j\,.$$

Andererseits gilt

$$\mathrm{e}^{A}\,\mathrm{e}^{B} = \sum_j \sum_k \mathrm{e}^{a_j}\,\mathrm{e}^{b_k}\,\Pi_j\Pi_k\,.$$

Wegen $\Pi_j\Pi_k = \delta_{jk}\Pi_j$ stimmt die beiden Ausdrücke überein. $\checkmark$

160   Im Zusammenhang mit dem Crank-Nicolson-Verfahren für Anfangswertprobleme wurde gemäß

$$\mathrm{e}^{\,\mathrm{i}\tau L} \approx \frac{I + \mathrm{i}\tau L/2}{I - \mathrm{i}\tau L/2}$$

genähert. L ist ein selbstadjungierter Operator. Weisen Sie nach, dass auch die Näherung unitär ist. $\diamond$

Mit der passenden Zerlegung $I = \Pi_1 + \Pi_2 + \dots$ der Eins in paarweise orthogonale Projektoren gilt $L = \omega_1\Pi_1 + \omega_2\Pi_2 + \dots$, mit reellen Eigenwerten. Der exakte Ausdruck für den Ausbreitungsperator und auch die Näherung sind Funktionen von L und können daher mit derselben Zerlegung der Eins diagonalisiert werden. Die Crank-Nicolson-Näherung läuft auf

$$\mathrm{e}^{\,\mathrm{i}\omega_j\tau} \approx \frac{1 + \mathrm{i}\omega_j\tau/2}{1 - \mathrm{i}\omega_j\tau/2}$$

für die Eigenwerte hinaus. Unabhängig davon, wie gut diese Näherung ist: sowohl die linke als auch die rechte Seite liegen auf dem Einheitskreis der komplexen Zahlenebene, und die entsprechenden Operatoren sind deswegen unitär. $\checkmark$

161   Lösen Sie die Differenzialgleichung $\mathrm{d}U_t/\mathrm{d}t = -\mathrm{i}\,H$ mit der Anfangsbedingung $U_0 = I$. H soll ein selbstadjungierter linearer Operator sein. $\diamond$

Die gesuchte Lösung hängt von t und H ab. Deswegen ist $U = U_t$ eine Funktion von H, $U_t = f_t(H)$. Weil H selbstadjungiert ist, kann es als $H = E_1\Pi_1 + E_2\Pi_2 + \dots$ geschrieben werden, mit reellen Eigenwerten und mit einer Zerlegung $I = \Pi_1 + \Pi_2 + \dots$ der Eins in paarweise orthogonale Projektoren. Die Differenzialgleichung ist erfüllt, wenn $i\dot{f_t}(E_j) = E_j$ gilt mit $f_0(E_j) = 1$. Das bedeutet $f_t(E_j) = \exp(-\mathrm{i}tE_j)$, also

$$U_t = \mathrm{e}^{-\mathrm{i}tH}\ .$$

U_t ist offensichtlich unitär, für jedes t. Außerdem gilt $U_{t_1}U_{t_2} = U_{t_1+t_2}$. Wenn t die Bedeutung einer Zeit hat, dann ist U_t der Zeitverschiebungsoperator und H die Energie. $\checkmark$

162   Gehört die unstetige Funktion $f(x) = 1/x$ mit $f(0) = 0$ zu $\mathcal{L}_2(\mathbb{R})$? $\diamond$

Nein. zwar ist

$$\left(\int_{-\infty}^{-\epsilon} + \int_{\epsilon}^{\infty}\right)\mathrm{d}x\,\frac{1}{x^2} = \frac{2}{3\epsilon^3}$$

für jedes positive ϵ endlich, divergiert aber mit $\epsilon \to 0$. $\checkmark$

163   Gehört die unstetige Funktion $f(x) = x^{-1/4}/(1 + |x|)$ mit $f(0) = 0$ zu $\mathcal{L}_2(\mathbb{R})$? $\diamond$

Ja. Denn

$$2\int_0^{\infty}\mathrm{d}x\,\frac{x^{-1/2}}{(1+x)^2} = 4\int_0^{\infty}\mathrm{d}y\,\frac{1}{(1+y^2)^2}$$

fällt auf jeden Fall endlich aus. Wer sich anstrengen möchte, kann das Integral sogar analytisch ausrechnen. Es kommt π heraus. ✓

164   Beschreiben Sie den größtmöglichen Definitionsbereich des Operators X, definiert durch $(Xf)(x) = xf(x)$. ◇

$$\mathcal{D}(X) = \{f \in \mathcal{L}_2(\mathbb{R}) \mid \int \mathrm{d}x\, |xf(x)|^2 < \infty\}.$$

✓

165   Beschreiben Sie den größtmöglichen Definitionsbereich des Operators P, definiert durch $(PF)(x) = -\mathrm{i}F'(x)$. ◇

$$\mathcal{D}(P) = \{F \in \mathcal{L}_2(\mathbb{R}) \mid F(x) = \int_{-\infty}^{x} \mathrm{d}x\, f(x) \ \text{ mit } \ f \in \mathcal{L}_2(\mathbb{R})\}.$$

Der Ableitungsoperator ist für absolut-stetige quadratintegrable Funktionen F definiert, die eine quadratintegrable Ableitung $F' = f$ haben. ✓

166   Wir beziehen uns auf die voranstehende Aufgabe. Zeigen Sie, dass P symmetrisch ist im Sinne von $(PG, F) = (G, PF)$ für alle G, F im Definitionsbereich. ◇

Quadratintegrable Funktionen verschwinden im Unendlichen. Für $F, G \in \mathcal{D}(P)$ gilt daher $F(\infty) - F(-\infty) = \int \mathrm{d}x\, f(x) = 0$, und für g ebenso. Für die Sprungfunktion θ gilt $\theta(x - y) + \theta(y - x) = 1$. Das bedeutet

$$0 = \int \mathrm{d}y\, g^*(y) \int \mathrm{d}x\, f(x) = \int \mathrm{d}x g^*(x)F(x) + \int \mathrm{d}y\, G^*(y)f(y).$$

Das heißt $(G', F) + (G, F') = 0$ oder $(G, PF) = (PG, F)$. Das gilt für alle G, F im Definitionsbereich von P. Dass P auch selbstadjungiert ist, erfordert weitere Überlegungen. ✓

167   Welche Lösungen hat die Eigenwertgleichung

$$Pf_k = kf_k \, ?$$

◇

$$f_k \propto \mathrm{e}^{\mathrm{i}kx} \ \text{ für } \ k \in \mathbb{R}.$$

Das sind leider keine quadratintegrablen Funktionen. Wie man damit fertig wird, sollte man im *Mathematikbuch* nachlesen. ✓

168   Wir beziehen uns auf die Aufgabe 164. Welche Lösungen hat die Eigenwertgleichung

$$Xf_a = af_a \, ?$$

◇

$$f_a(x) \propto \delta(x - a) \, .$$

Das ist eine verallgemeinerte Funktion (Distribution), also keine Funktion, und daher braucht man über quadratintegrabel gar nicht zu reden. Wie man damit fertig wird, sollte man im *Mathematikbuch* nachlesen.
✓

169   Geben Sie die (20) entsprechende Formel für Funktionen mit $g(t) = g(t + \tau)$ an. ◇

Wir setzen $x = 2\pi t/\tau$. $0 \le t \le \tau$ entspricht dann gerade $0 \le x \le 2\pi$. Daher gilt für $g(t) = f(x)$ die Gleichung

$$g(t) = \sum_j g_j \, \mathrm{e}^{2\pi \mathrm{i} jt/\tau} \quad \text{mit} \quad g_j = \frac{1}{\tau} \int_0^\tau \mathrm{d}t \, \mathrm{e}^{-2\pi \mathrm{i} jt/\tau} \, g(t) \, .$$

Das sieht noch hübscher aus, wenn man $\omega_j = 2\pi j/\tau$ einführt:

$$g(t) = \sum_j g_j \, \mathrm{e}^{\mathrm{i}\omega_j t} \quad \text{mit} \quad g_j = \frac{1}{\tau} \int_0^\tau \mathrm{d}t \, \mathrm{e}^{-\mathrm{i}\omega_j t} \, f(t) \, .$$

Die Kreisfrequenzen ω_j sind ganzzahlige Vielfache (Oberschwingungen) der Grundfrequenz $\omega_1 = 2\pi/\tau$. ✓

170   Wir beziehen uns auf die voranstehende Aufgabe. Drücken Sie

$$\frac{1}{\tau} \int_0^\tau \mathrm{d}t \, |g(t)|^2$$

durch die Fourier-Koeffizienten g_j aus. ◇

Wegen

$$\frac{1}{\tau} \int_0^\tau \mathrm{d}t \, \mathrm{e}^{\mathrm{i}(\omega_j - \omega_k)t} = \frac{1}{\tau} \int_0^\tau \mathrm{d}t \, \mathrm{e}^{-2\pi \mathrm{i}(j - k)t/\tau} = \delta_{jk}$$

gilt

$$\frac{1}{\tau} \int_0^\tau \mathrm{d}t \, |g(t)|^2 = \frac{1}{\tau} \int_0^\tau \mathrm{d}t \, \sum_{jk} g_j^* g_k \, \mathrm{e}^{\mathrm{i}(\omega_j - \omega_k)t} = \sum_j |g_j|^2 \, .$$

✓

171   Berechnen Sie die Koeffizienten der Fourier-Zerlegung für die Funktion $f(x) = 1 - 2|x|/\pi$. Diese Funktion ist etwas bösartig, weil nicht differenzierbar, aber immerhin stetig. ◇

Wir beziehen uns auf (20). Für f_0 kommt Null heraus. Für andere gerade Werte von j ebenfalls. Für ungerade Indizes j ergibt sich $f_j = 4/\pi^2 j^2$. Deswegen darf man

$$f(x) = \sum_{j=1,3,5\ldots} \frac{8}{\pi^2 j^2} \cos(j\pi x)$$

schreiben. ✓

172   Wir beziehen uns auf die voranstehende Aufgabe. Stellen Sie die Funktion f und die Fourier-Entwicklung mit 5 Termen grafisch dar.   ◇

```
1    x=linspace(-pi,pi,513);
2    f=1-2*abs(x)/pi;
3    ff=zeros(size(x));
4    for j=1:2:9
5      ff=ff+8/(pi*j)^2*cos(j*x);
6    end;
7    plot(x,f,'-k',x,ff,'-k','LineWidth',1);
8    axis([-pi,pi,-1.1,1.1]);
```

ergibt Abbildung A.16.   ✓

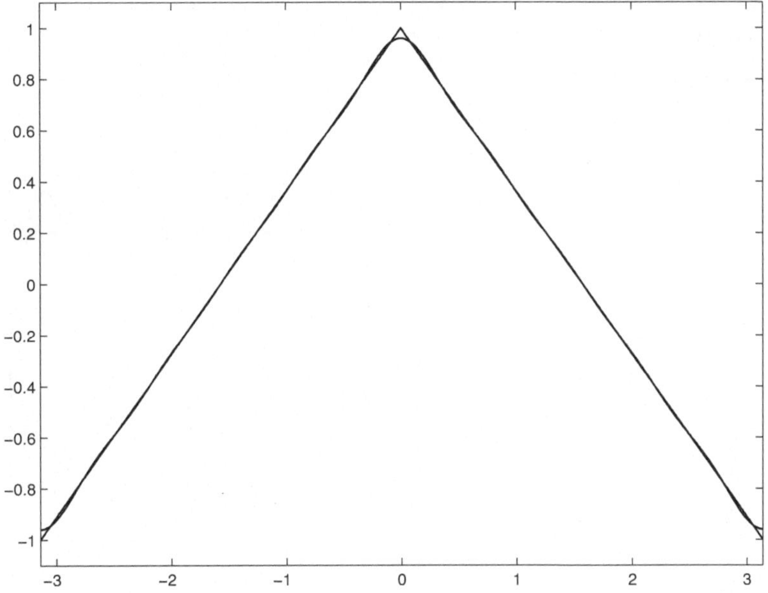

Abb. A.16. Die Dreiecksfunktion und ihre Darstellung als Fourier-Summe mit nur fünf Termen

173   Entwickeln Sie die 2π-periodische Funktion $h(x) = -1$ für $-\pi < x < 0$ und $h(x) = 1$ für $0 < x < \pi$ in eine Fourier-Reihe.   ◇

Man kann entweder ganz frisch rechnen oder das Ergebnis der Aufgabe 171 heranziehen. Es gilt nämlich $h(x) = -\pi f'(x)/2$, und damit

$$h(x) = \sum_{j=1,3,5,\dots} \frac{4\pi}{j} \sin(jx).$$

✓

174   Stellen Sie die 2π-periodische Sprungfunktion sowie die Fourier-Entwicklung mit 5 beziehungsweise 25 Termen dar. $\diamond$

```
1    x=linspace(-pi,pi,1025);
2    f=-1*(x<0)+0*(x==0)+1*(x>0);
3    ff=zeros(size(x));
4    for j=1:2:9
5      ff=ff+4/(pi*j)*sin(j*x);
6    end;
7    fff=zeros(size(x));
8    for j=1:2:49
9      fff=fff+4/(pi*j)*sin(j*x);
10   end;
11   plot(x,f,'-k',x,ff,'-k',x,fff,'-k','LineWidth',1);
12   axis([-pi,pi,-1.25,1.25]);
```

ergibt Abbildung A.17.

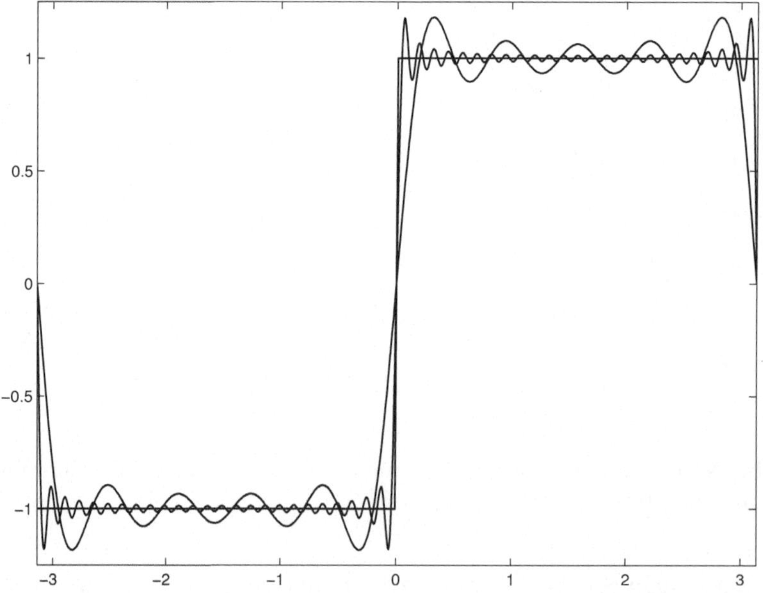

Abb. A.17. Die 2π-periodische Sprungfunktion und die Darstellung durch eine Fourier-Summe mit 5 beziehungsweise 25 Termen.

Die Überschwinger bei den Unstetigkeitsstellen werden mit wachsender Zahl der Terme nicht kleiner. Die Fourier-Reihe konvergiert nicht punktweise.

Allerdings wird der Bereich, in dem Funktion und Reihendarstellung von einander abweichen, immer kleiner. Die Fourier-Reihe konvergiert in der $\mathcal{L}_2$-Norm. ✓

175 Berechnen Sie die Fourier-Transformierte

$$\hat{f}(p) = \int \mathrm{d}x\, f(x)\, \mathrm{e}^{-\mathrm{i}px}$$

der normierten Gauß-Funktion

$$f(x) = \frac{1}{\sqrt{\pi}}\, \mathrm{e}^{-x^2/2}\ .$$

◇

Die Exponentialfunktion hat den Exponenten $-x^2/2 - \mathrm{i}px$, wofür man auch $-(x+\mathrm{i}p)^2/2 - p^2/2$ schreiben kann. Der Faktor $\exp(-p^2/2$ kommt vor das Integral, für das man mit $y = x + \mathrm{i}p$ den Wert

$$\frac{1}{\sqrt{\pi}} \int \mathrm{d}y\ \mathrm{e}^{-y^2/2} = 1$$

ausrechnet. Eigentlich führt der Integrationsweg in der komplexen Zahlenebene von $(-\infty, \mathrm{i}p)$ bis $(+\infty, \mathrm{i}p)$. Weil aber $z \to \exp(-z^2/2)$ eine analytische Funktion ist, darf man den Integrationsweg verschieben. Siehe hierzu den Abschnitt über *Analytische Funktion*. Die Fourier-Transformierte der Gauß-Funktion ist

$$\hat{f}(p) = \mathrm{e}^{-p^2/2}\ .$$

✓

176 Berechnen Sie die Erwartungswerte ($n = 0, 1, 2$)

$$\langle X^n \rangle = \frac{1}{\sqrt{\pi}} \int \mathrm{d}x\, x^n\, \mathrm{e}^{-x^2/2}$$

für die Normalverteilung, indem die Fourier-Transformierte differenziert wird. ◇

Aus der Definition der Fourier-Transformierten folgt unmittelbar

$$\hat{f}^{(n)}(0) = (-\mathrm{i})^n \langle X^n \rangle\ .$$

$\hat{f}(0) = 1$ zeigt an, dass es sich um eine Wahrscheinlichkeits-Dichte handelt. $\hat{f}'(0)$ besagt, dass der Mittelwert $\langle X \rangle$ verschwindet. $\hat{f}''(0) = -1$ heißt, dass die Normalverteilung die Varianz $\sigma = \langle X^2 \rangle - \langle X \rangle^2 = 1$ hat. ✓

177 Mit $(Xt)(x) = xt(x)$ und $(Pt)(x) = -\mathrm{i}t'(x)$ gilt $[X, P]t = \mathrm{i}t$. Rechnen Sie das nach. ◇

$(XPt)(x) = -\mathrm{i}xt'(x)$ und $(PXt)(x) = -\mathrm{i}t(x) - \mathrm{i}xt'(x)$. Das läuft auf die Vertauschungsregel

$$[X, P] = iI$$

hinaus. ✓

178   Rechnen Sie den Kommutator $[f(X), P]$ aus. ◇

Es gilt $(f(X)Pt)(x) = -if(x)t'(x)$ sowie $(Pf(X)t)(x) = Pf(x)t(x) = -if'(x)t(x) - if(x)t'(x)$ und läuft auf

$$[f(X), P] = if'(X)$$

hinaus. Natürlich ist das ist mit dem Ergebnis der voranstehenden Aufgabe verträglich, für $f(X) = X$. ✓

179   Rechnen Sie $[A, BC] = B[A, C] + [A, B]C$ nach, die Jacobi-Identität. ◇

$$ABC - BCA = BAC - BCA + ABC - BAC. ✓$$

180   Rechnen Sie die Kommutator $[f(X), P^2]$ aus. ◇

$$[f(X), P^2] = P[f(X), P] + [f(X), P]P = i\{Pf'(X) + f'(X)P\}. ✓$$

181   Zeigen Sie, dass eine Vertauschungsregel $[A, B] = iC$ für selbstadjungierte Operatoren A und B einen selbstadjungierten Operator C abliefert. Diskutieren Sie das Ergebnis der voranstehenden Aufgabe unter diesem Gesichtspunkt. ◇

$A = A^\dagger$ und $B = B^\dagger$ führt auf $-iC^\dagger = B^\dagger A^\dagger - A^\dagger B^\dagger = BA - AB = -iC$, also auf $C = C^\dagger$. Wenn X und P selbstadjungiert sind und f eine reellwertige Funktion ist, dann ist auch $f(X)$ und damit $f'(X)$ selbstadjungiert. Das symmetrische Produkt $AB + BA$ selbstadjungierter Operatoren ist immer selbstadjungiert, und damit auch $Pf'(X) + f'(X)P$. Alles stimmt. ✓

182   Rechnen Sie

$$X_a = e^{-iaP} X e^{iaP}$$

aus. ◇

Für eine beliebige Testfunktion $t = t(x)$ gilt

$$e^{-iaP} X e^{iaP} t(x) = e^{-iaP} Xt(x + a) = (x + a)t(x),$$

daher $X_a = X + aI$. ✓

183   U sei ein beliebiger unitärer Operator. Zeigen Sie, dass $U^\dagger XU$ und $U^\dagger PU$ wieder die kanonische Vertauschungsregel erfüllen. ◇

Das ist ganz einfach: $U^\dagger XUU^\dagger PU - U^\dagger PUU^\dagger XU = U^\dagger(XP - PX)U = iI$. Dabei haben wir $UU^\dagger = U^\dagger U = I$ benutzt. ✓

184   Für
$$t(x) = e^{-x^2/2\sigma^2}$$

berechne man δX und δP und vergleiche mit der Heisenberg-Unschärfebeziehung. $\diamond$

Die Normierungskonstante ist
$$(t,t) = \int dx\, e^{-x^2/\sigma^2} = \sigma \int_0^\infty ds\, s^{-1/2}\, e^{-s}\ .$$

Das letzte Integral ist nichts anderes als $(-1/2)! = \Gamma(1/2) = \sqrt{\pi}$.

Der Erwartungswert von X verschwindet, weil über eine ungerade Funktion zu integrieren ist.

Wir berechnen
$$(t, X^2 t) = \int dx\, x^2 e^{-x^2/\sigma^2} = \sigma^3 \int_0^\infty ds\, s^{1/2}\, e^{-s}\ .$$

Das läuft auf $\langle X^2 \rangle = \sigma^2/2$ hinaus, wegen $(1/2)! = (1/2)(-1/2)!$.

Der Erwartungswert von P verschwindet ebenfalls, weil wiederum über eine ungerade Funktion zu integrieren ist.

Für den Erwartungswert von P^2 muss man das Integral
$$(t, P^2 t) = \frac{1}{\sigma^4} \int dx\, (\sigma^2 - x^2)\, e^{-x^2/\sigma^2}$$

ausrechnen. Mit den voranstehenden Ausdrücken ergibt sich $\langle P^2 \rangle = 1/2\sigma^2$.

Für das Produkt der Unschärfen findet man $\delta X \delta P = 1/2$. Das ist mit der Heisenberg-Unschärfebeziehung verträglich, die besagt, dass dieses Produkt nicht kleiner sein kann als $1/2$. $\checkmark$

185   Man rechne nach, dass $A_+ = (X - iP)/\sqrt{2}$ und $A_- = (X + iP)/\sqrt{2}$ Leiteroperatoren sind, also der Vertauschungsregel $[A_-, A_+] = I$ genügen sowie $A_-^\dagger = A_+$ sowie $A_+^\dagger = A_-$ erfüllen. $\diamond$

Dass die linearen Operatoren A_- und A_+ zueinander adjungiert sind, springt ins Auge. Der Kommutator ist
$$[A_-, A_+] = \frac{1}{2}(X^2 + iPX - iXP - P^2 - X^2 + iPX - iXP + P^2)\,,$$

und das ergibt den Eins-Operator I. $\checkmark$

186   Begründen Sie, warum $N = A_+ A_-$ ein positiver Operator ist, im Sinne von nicht-negativ. $\diamond$

Das ist einfach. Für jede Testfunktion t gilt $(t, N t) = (A_- t, A_- t) \geq 0$. $\checkmark$

187   Rechnen Sie
$$[N, A_+] = A_+ \text{ sowie } [N, A_-] = -A_-$$
nach. ◇

Mit der Jacobi-Identität $[AB, C] = A[B, C] + [A, C]B$ berechnet man
$$[A_+A_-, A_+] = A_+[A_-, A_+] + [A_+, A_+]A_- = A_+ \,,$$
$$[A_+A_-, A_-] = A_+[A_-, A_-] + [A_+, A_-]A_- = -A_- \,.$$
✓

188   Wenn $N\chi = \lambda\chi$ gilt, dann gilt auch $NA_-\chi = (\lambda - 1)A_-\chi$. ◇

$NA_-\chi = A_- N\chi - A_-\chi = (\lambda - 1)A_-\chi$. ✓

189   Lösen Sie die Differenzialgleichung $A_-\Omega = 0$. ◇

Das läuft auf $x\Omega(x) + \Omega'(x) = 0$ hinaus, oder auf $d\Omega/\Omega = -dxx$. $\ln\Omega = c - x^2/2$ führt auf
$$\Omega(x) = \frac{1}{\sqrt{\pi}}\, e^{-x^2/2} \,.$$
Dabei wurde bereits $(\Omega, \Omega) = 1$ berücksichtigt. ✓

190   Weisen Sie nach, dass die Wellenfunktionen
$$\phi_n = \frac{1}{\sqrt{n!}}(A_+)^n \Omega$$
normierte Eigenvektoren mit $N\phi_n = n\phi_n$ sind, für $n = 0, 1, 2, \ldots$ ◇

Für $n = 0$ stimmt die Behauptung offensichtlich. Angenommen, sie stimme auch für n, eine natürliche Zahl. Es gilt dann
$$NA_+\phi_n = A_+(N + I)\phi_n = (n + 1)A_+\phi_n \,,$$
daher ist ϕ_{n+1} tatsächlich ein Eigenvektor von N mit dem Eigenwerte $n + 1$. Wegen
$$(A_+\phi_n, A_+\phi_n) = (\phi_n, A_-A_+\phi_n) = (\phi_n, (N + I)\phi_n) = n + 1$$
ist $A_+\phi_n/\sqrt{n+1} = \phi_{n+1}$ auch richtig normiert. Beides ist sichergestellt, die Verankerung der Induktionskette bei $n = 0$ und der Schluss von n auf $n + 1$. ✓

191   Drücken Sie X und P durch $A_\pm$ aus und berechnen Sie $(\Omega, X\Omega)$, $(\Omega, P\Omega)$, $(\Omega, X^2\Omega)$ und $(\Omega, P^2\Omega)$. ◇

Es gilt $X = (A_+ + A_-)/\sqrt{2}$ sowie $P = i(A_+ - A_-)/\sqrt{2}$. Daraus folgt sofort $(\Omega, X\Omega) = 0$ sowie $(\Omega, P\Omega) = 0$.

Wegen $2X^2 = A_+A_+ + A_+A_- + A_-A_+ + A_-A_-$ gilt $(\Omega, X^2\Omega) = 1/2$, nur der dritte Term trägt bei.

Wegen $2P^2 = -A_+A_+ + A_+A_- + A_-A_+ - A_-A_-$ gilt $(\Omega, P^2\Omega) = 1/2$, denn wiederum trägt nur der dritte Term bei. $\checkmark$

192   Rechnen Sie

$$\frac{P^2}{2} + \frac{X^2}{2} = N + \frac{1}{2}I$$

nach. $\diamond$

Wir beziehen uns auf die Lösung zur voranstehenden Aufgabe und auf $[A_-, A_+] = I$.

$$\frac{1}{2}P^2 + \frac{1}{2}X^2 = \frac{1}{2}A_+A_- + \frac{1}{2}A_-A_+ = A_+A_- + \frac{1}{2}I .$$

$\checkmark$

193   Der Ortsvektor $\boldsymbol{X}$ und der Impulsvektor $\boldsymbol{P}$ erfüllen die kanonischen Vertauschungsregeln

$$[X_j, P_k] = \mathrm{i}\,\delta_{jk}\,I$$

sowie

$$[X_j, X_k] = 0 \ \text{ sowie } \ [P_j, P_k] = 0 .$$

Der Bahndrehimpuls eines Teilchens ist als $\boldsymbol{L} = \boldsymbol{X} \times \boldsymbol{P}$ erklärt. Zeigen Sie, dass $\boldsymbol{L}$ ein Drehimpuls-Vektor ist. $\diamond$

$L_1 L_2 = X_2 P_3 X_3 P_1 - X_2 P_3 X_1 P_3 - X_3 P_2 X_3 P_1 + X_3 P_2 X_1 P_3.$
$L_2 L_1 = X_3 P_1 X_2 P_3 - X_1 P_3 X_2 P_3 - X_3 P_1 X_3 P_2 + X_1 P_3 X_3 P_2.$

Die jeweils zweiten und dritten Terme sind gleich. Die Differenz der ersten Terme ergibt $-iX_2 P_1$, die Differenz der vierten Terme ist $iX_1 P_2$. Und das heißt $[L_1, L_2] = iL_3$.

Die übrigen Vertauschungsregeln ergeben sich, wann man die Indizes zyklisch vertauscht: $1 \to 2 \to 3 \to 1$. $\checkmark$

194   Zeigen Sie, dass $\boldsymbol{J}^2 = J_1^2 + J_2^2 + J_3^2$ mit den drei Komponenten J_k eines Drehimpuls-Vektors vertauscht. $\diamond$

Es genügt, $[\boldsymbol{J}^2, J_3] = 0$ zu zeigen, die übrigen Vertauschungsregeln folgen nach zyklischem Vertauschen der Indizes. Mit der Jacobi-Identität schreibt man $[\boldsymbol{J}^2, J_3] = J_1[J_1, J_3] + [J_1, J_3]J_1 + J_2[J_2, J_3] + [J_2, J_3]J_2$ und rechnet dafür $-iJ_1 J_2 - iJ_2 J_1 + iJ_2 J_1 + iJ_1 J2 = 0$ aus. $\checkmark$

195   Zeigen Sie, dass $\boldsymbol{X}$ und $\boldsymbol{P}$ Vektoren sind. Dabei soll $\boldsymbol{J} = \boldsymbol{L} + \boldsymbol{S}$ gelten. Der Spinanteil $\boldsymbol{S}$ vertauscht mit Ort und Impuls. $\diamond$

Zum Ortsvektor: Es genügt $[J_1, X_1] = 0$ und $[J_1, X_2] = iX_3$ nachzuweisen. Der Rest folgt durch zyklisches Vertauschen der Indizes. $[J_1, X_1] = [L_1, X_1] = [X_2 P_3 - X_3 P_2, X_1] = 0$ ist klar: X_1 vertauscht mit X_2, X_3, P_2, P_3. Für $[J_1, X_2]$

rechnet man $-X_3[P_2, X_2] = \mathrm{i}X_3$ aus. Die X_j bilden also tatsächlich einen Vektor.

Zum Impulsvektor: Man kann die Argumentation wie oben wiederholen. Raffinierter ist jedoch die folgende Überlegung. $\bar{X}_j = P_j$ und $\bar{P}_j = -X_j$ genügen ebenfalls den kanonischen Vertauschungsregeln. Damit bilden auch die $\bar{X}_j = P_j$ einen Vektor. ✓

196   Unter den Voraussetzungen der voranstehenden Aufgabe gilt: $\boldsymbol{X}^2$ und $\boldsymbol{P}^2$ sind Skalare. Rechnen Sie das nach. ◇

Es genügt, $[J_1, \boldsymbol{X}^2] = 0$ zu zeigen. Also $\left[X_2 P_3 - X_3 P_2, X_1^2 + X_2^2 + X_3^2\right] = -\left[X_3 P_2, X_2^2\right] + \left[X_2 P_3, X_3^2\right] = 0$. Der erste Term ergibt $2\mathrm{i}X_2 X_3$, der zweite $-2\mathrm{i}X_2 X_3$, sie heben sich also zu Null auf.

Für $\boldsymbol{P}^2$ kann man die Argumentation wiederholen oder sich auf die kanonische Transformation $\boldsymbol{X} \to \boldsymbol{P}$, $\boldsymbol{P} \to -\boldsymbol{X}$ berufen. ✓

Ein lineare Operator A, der mit der Erzeugenden H der Zeitverschiebung[2] vertauscht, ist eine Erhaltungsgröße. Beispielsweise ist die Energie H selber eine Erhaltungsgröße.

197   Begründen Sie, warum 'Die Energie ist ein Skalar' und 'Die Komponenten des Drehimpulses sind Erhaltungsgrößen' dasselbe bedeutet. ◇

$[J_k, H] = 0$ besagt, dass H ein Skalar ist, und zugleich, dass $\dot{J}_k = \mathrm{i}[H, J_k]$ verschwindet. ✓

198   Weisen Sie nach, dass die $S_k = \sigma_k/2$ die Drehimpuls-Vertauschungsregeln erfüllen, mit den drei Pauli-Matrizen

$$\sigma_1 = \begin{pmatrix} 0 & 1 \\ 1 & 0 \end{pmatrix}, \quad \sigma_2 = \begin{pmatrix} 0 & -\mathrm{i} \\ \mathrm{i} & 0 \end{pmatrix} \quad \text{und} \quad \sigma_3 = \begin{pmatrix} 1 & 0 \\ 0 & -1 \end{pmatrix}.$$

Rechnen Sie $\boldsymbol{S}^2$ aus. ◇

Ausmultiplizieren ergibt $\sigma_1 \sigma_2 = \mathrm{i}\sigma_3$ und so weiter, während $\sigma_1^2 = \sigma_2^2 = \sigma_3^2 = I$ ergibt. Das bedeutet $[S_1, S_2] = \mathrm{i}S_3$ und so weiter sowie $\boldsymbol{S}^2 = s(s+1)I$ mit $s = 1/2$. ✓

199   Überprüfen Sie das für beispielsweise $Y_{1,0}(\theta, \phi) = -\sqrt{3/4}\cos\theta$. ◇

Diese Kugelfunktion hängt gar nicht von ϕ ab und ist damit eine Eigenfunktion von L_3 mit Eigenwert $m = 0$. Mit L_+ steigt man zu $Y_{1,1} \propto \exp(\mathrm{i}\phi)\sin\theta$ auf, und nochmaliges Anwenden von L_+ ergibt die Nullfunktion. $Y_{1,0}$ ist also in der Tat eine Eigenfunktion von L_3 mit Eigenwert 0 und hat den Drehimpuls $l = 1$. ✓

---

[2] Hamilton-Operator, Energie

200   Wir setzen $v = v(x_1, x_2, x_3) = u(r)Y_{1,0}(\theta, \phi)$ mit den üblichen Polarkoordinaten r, θ, ϕ an. Welche gewöhnliche Differenzialgleichung muss man lösen, wenn $\Delta v = f$ gelten soll mit einer radialsymmetrischen Funktion f? $\diamond$

Wegen

$$\Delta = \frac{\partial^2}{\partial r^2} + \frac{2}{r}\frac{\partial}{\partial r} - \frac{\boldsymbol{L}^2}{r^2}$$

hat man es mit

$$u'' + \frac{2}{r}\,u' - \frac{2}{r^2}\,u = f(r)$$

zu tun. $\checkmark$

A.6 Verschiedenes

201   Weisen Sie nach, dass $\boldsymbol{g} \to \boldsymbol{G} = \Omega\boldsymbol{g}$ eine unitäre Abbildung im $\mathbb{C}^N$ ist. $\diamond$

Wir haben es mit der $N \times N$-Matrix

$$\Omega_{jk} = \frac{1}{\sqrt{N}}\,\mathrm{e}^{\mathrm{i}\omega_j t_k}$$

zu tun. Das zieht

$$(\Omega\Omega^\dagger)_{jk} = \frac{1}{N}\sum_{l=0}^{N-1} \mathrm{e}^{\mathrm{i}(-\omega_j + \omega_k)t_l} = \delta_{jk}$$

nach sich. Ω ist also wirklich eine unitäre Matrix. $\checkmark$

202   Zeigen Sie, dass für den Fourier-transformierten Zahlensatz $G_j = G^*_{-j}$ gilt, wenn der ursprüngliche Satz aus reellen Zahlen g_j besteht. Insbesondere gilt $|G_j|^2 = |G_{-j}|^2$. $\diamond$

Wegen $\omega_{-j} = -\omega_j$ gilt

$$G^*_{-j} = \frac{1}{\sqrt{N}}\sum_{k=0}^{N-1} \left\{ \mathrm{e}^{\mathrm{i}\omega_j t_k}\, g_k \right\}^* = G_j\,,$$

und damit auch $|G_j|^2 = |G_{-j}|^2$. $\checkmark$

203   Das Signal sei die Funktion $s(t) = \sin(\omega_1 t) + \sin(\omega_2 t)$ mit $\omega_1/2\pi = 11\,\mathrm{Hz}$ und $\omega_2/2\pi = 15\,\mathrm{Hz}$. Tasten Sie diese Funktion 1000 Mal pro Sekunde ab und stellen das Signal für eine Sekunde dar. Simulieren Sie nun ein verrauschtes Signal, bei dem zu jedem Abtastpunkt eine gleichverteilte Zufallszahl aus dem Intervall $[-1, 1]$ zu s addiert wird. Kann man das Signal noch erkennen? $\diamond$

Zuerst das unverrauschte Signal:

```
1    omega1=11*2*pi;
2    omega2=17*2*pi;
3    t=linspace(0,1,1001);
4    s=sin(omega1*t)+sin(omega2*t);
5    plot(t,s,'.k',t,s,'-k','LineWidth',1,'MarkerSize',10);
```

Es ist in Abbildung A.18 dargestellt.

Und jetzt verrauschen wir das Signal:

```
1    omega1=11*2*pi;
2    omega2=17*2*pi;
3    t=linspace(0,1,1001);
4    s=sin(omega1*t)+sin(omega2*t);
5    ss=s+2*rand(size(t))-1;
6    plot(t,ss,'.k','MarkerSize',10);
```

Das Ergebnis ist als Abbildung A.19 dargestellt.   ✓

204   Wir beziehen uns auf die voranstehende Aufgabe. Berechnen Sie das Spektrum des verrauschten Signals s und stellen Sie es grafisch dar.   ◇

```
1    omega1=11*2*pi;
2    omega2=17*2*pi;
3    t=linspace(0,1,1001);
4    s=sin(omega1*t)+sin(omega2*t);
5    ss=s+2*rand(size(t))-1;
6    G=fft(ss);
7    S=abs(G);
8    plot([0:50],S(1:51),'-k','LineWidth',1.5);
```

Das Ergebnis ist als Abbildung A.20 dargestellt.   ✓

205   Wir beziehen uns auf die voranstehende Aufgabe. Erzeugen Sie dieselbe Grafik für das vierfache Rauschen.   ◇

```
1    omega1=11*2*pi;
2    omega2=17*2*pi;
3    t=linspace(0,1,1001);
4    s=sin(omega1*t)+sin(omega2*t);
5    ss=s+8*rand(size(t))-4;
6    G=fft(ss);
7    S=abs(G);
8    plot([0:50],S(1:51),'-k','LineWidth',1.5)
```

Das Ergebnis ist als Abbildung A.21 dargestellt.   ✓

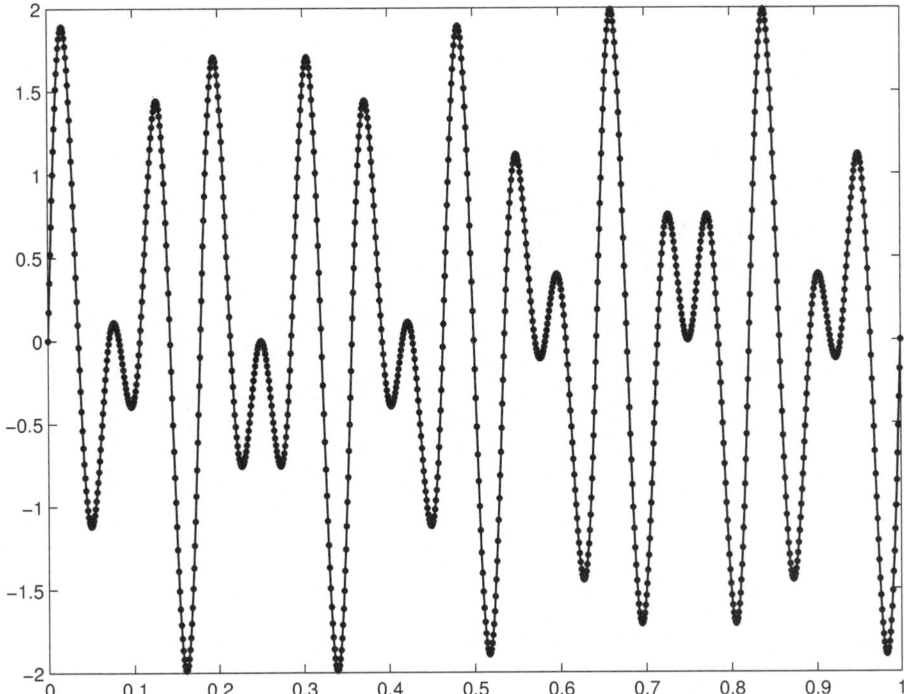

Abb. A.18. Ein Signal aus zwei Sinusschwingungen mit gleicher Amplitude und Frequenzen von 11 Hz beziehungsweise 17 Hz, dargestellt über der Zeit in Millisekunden-Schritten.

206   Wir beziehen uns auf die voranstehende Aufgabe. Erzeugen Sie dieselbe Grafik mit Signal- zu Rausch-Verhältnis von $s/n = 16$ anstelle von 4 wie in der voranstehenden Aufgabe. ◇

```
1    omega1=11*2*pi;
2    omega2=17*2*pi;
3    t=linspace(0,1,1001);
4    s=sin(omega1*t)+sin(omega2*t);
5    ss=s+32*rand(size(t))-16;
6    G=fft(ss);
7    S=abs(G);
8    plot([0:50],S(1:51),'-k','LineWidth',1.5);
```

Das Ergebnis ist als Abbildung A.22 dargestellt. ✓

207   Wir sammeln Daten im Abstand von Millisekunden für einen längeren Zeitraum, sagen wir 60 Sekunden anstelle von einer Sekunde, und zwar für das extrem verrauschte Signal aus der voranstehenden Aufgabe. Wie sieht nun das Spektrum bis zu 50 Hz aus? ◇

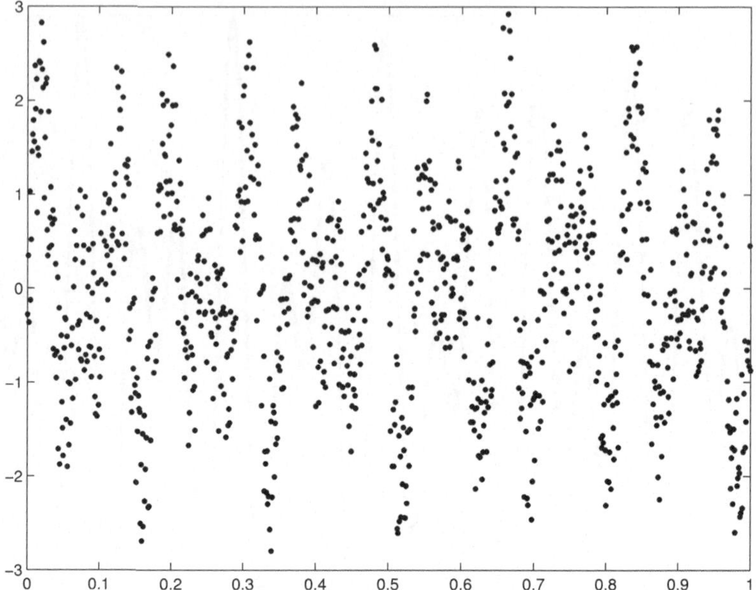

Abb. A.19. Zwei stark verrauschte Sinus-Schwingungen mit 11 und 17 Hz und
mit gleicher Amplitude sind im Abstand von Millisekunden für den Zeitraum
von einer Sekunde dargestellt. Man kann das Signal eigentlich nicht mehr
ausmachen.

```
1    omega1=11*2*pi;
2    omega2=17*2*pi;
3    t=linspace(0,60,60001);
4    s=sin(omega1*t)+sin(omega2*t);
5    ss=s+32*rand(size(t))-16;
6    G=fft(ss);
7    S=abs(G);
8    plot([0:3000]/60,S(1:3001),'-k','LineWidth',1.5);
```

Das Ergebnis ist als Abbildung A.23 dargestellt. ✓

208   Prüfen Sie nach, wie schnell die schnelle Fourier-Transformation wirklich ist. Dafür sollte man einen Datensatz aus 10^6 zufälligen komplexen Zahlen
erzeugen und ihn vorwärts und rückwärts Fourier-transformieren. Messen Sie
die Zeit mit tic und toc. Überzeugen Sie sich auch von der Genauigkeit. ◇

```
1    N=10^6;
2    g=randn(N,1)+i*randn(N,1);
3    tic;
4    G=fft(g);
```

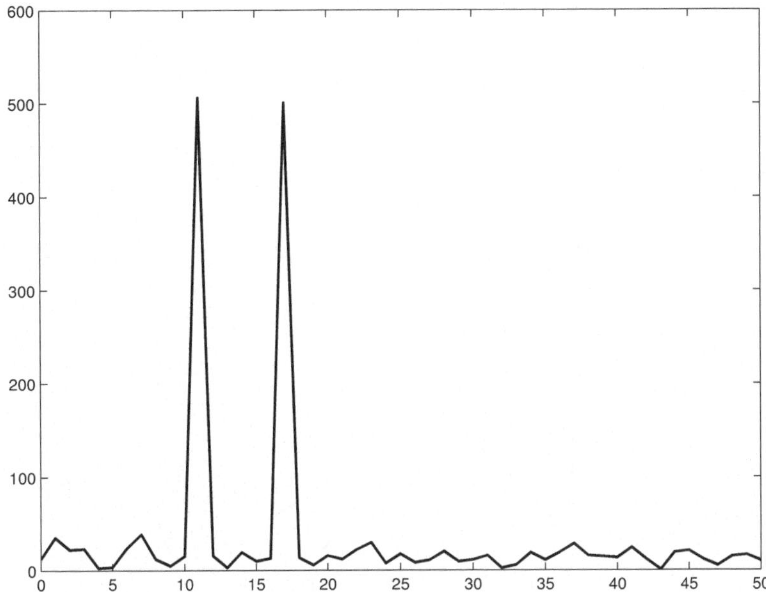

Abb. A.20. Die mäßig verrauschte Überlagerung zweier Sinus-Schwingungen mit 11 und 17 Hz (mit gleichen Amplituden) wurde Fourier-analysiert. Dargestellt ist der Betrag $|G_j|$ der Fourier-Transformierten für die Frequenzen von 0 bis 50 Hz. Signal und Rauschen sind deutlich getrennt. Man beachte, dass nur die in Abbildung A.19 enthaltene Information verwendet worden ist.

```
5    gg=ifft(G);
6    toc
7    max(abs(g-gg))
```

sagt, dass die Rechnung etwa 1.1 s dauert (Mobile Intel Pentium 4, 1.8 GHz, und MATLAB R2007b). Der maximale Fehler beträgt etwa 3×10^{-15}. ✓

209   Wir befassen uns mit der komplexen Exponentialfunktion

$$e^{iz} = e^x \left(\cos y + i \sin y\right),$$

in der üblichen Notation $z = x + iy$ mit $x, y \in \mathbb{R}$. Überzeugen Sie sich davon, dass die Cauchy-Riemann-Differenzialgleichungen erfüllt sind. ◇

$u(x, y) = \exp(x)\cos(y)$ und $v(x, y) = \exp(x)\sin(y)$ erfüllen tatsächlich die partiellen Differenzialgleichungen $u_x = \exp(x)\cos(y) = v_y = \exp(x)\cos(y)$ sowie $u_y(x, y) + v_x(x, y) = -\exp(x)\sin(y) + \exp(x)\sin(y) = 0.$ ✓

210   Zeigen Sie, dass $f(z) = \mathrm{Re}(z) = (z + z^*)/2$ <u>keine</u> analytische Funktion ist. ◇

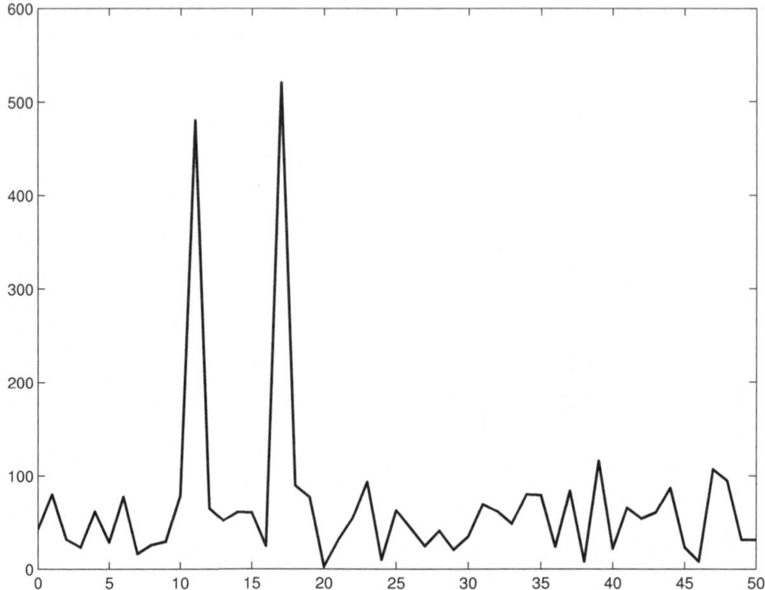

Abb. A.21. Die stark verrauschte Überlagerung zweier Sinus-Schwingungen mit 11 und 17 Hz (mit gleichen Amplituden) wurde Fourier-analysiert. Dargestellt ist der Betrag $|G_j|$ der Fourier-Transformierten für die Frequenzen von 0 bis 50 Hz. Signal und Rauschen sind immer noch deutlich getrennt.

$u(x, y) = x$ und $v(x, y) = 0$ erfüllen nicht die Cauchy-Riemann-Differenzialgleichung, denn u_x ist von v_y verschieden. ✓

211    $f(z) = 1/z$ ist auf der offenen Menge $\Omega = \{z \in \mathbb{C} \mid |z| > 0\}$ erklärt. Zeigen Sie, dass die Funktion analytisch ist, weil sie die Cauchy-Riemann-Differenzialgleichung erfüllt. ◇

Es gilt $u(x, y) = x/r^2$ und $v(x) = -y/r^2$ mit $r^2 = x^2 + y^2$. $u_x = (r^2 - 2x^2)/r^4$ stimmt mit $v_y = (-r^2 + 2y^2)/r^4$ überein. Und $u_y + v_x = (-2xy + 2xy)/r^4$ verschwindet. ✓

212    $z(\alpha) = r\,e^{i\alpha}$ für $0 \le \alpha \le 2\pi$ und mit $r > 0$ beschreibt einen Weg $\mathcal{C}$ um den Punkt $z = 0$. Rechnen Sie das Integral der analytischen Funktion $f(z) = 1/z$ über diesen Weg aus. ◇

Mit $dz = iz\,d\alpha$ gilt

$$\int_{\mathcal{C}} dz \frac{1}{z} = i \int_0^{2\pi} d\alpha = 2\pi i\,.$$

Vom Radius r des Kreises hängt das Ergebnis nicht ab. ✓

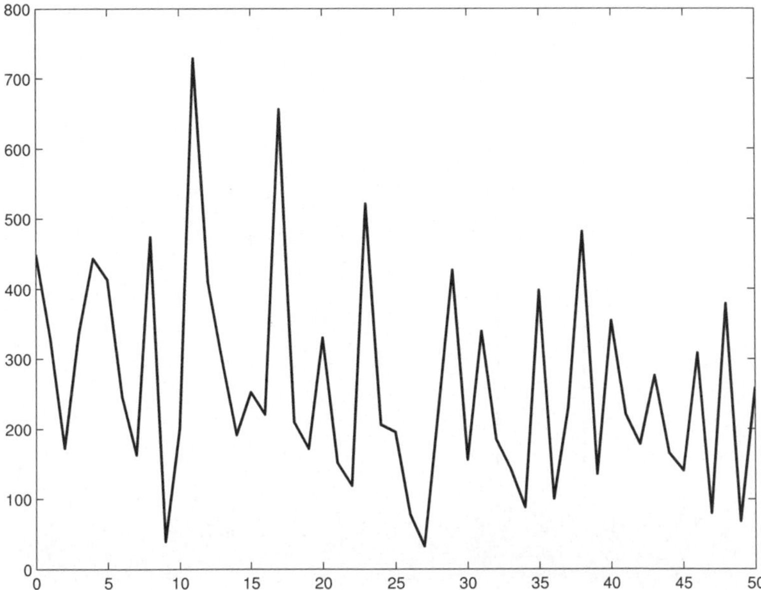

Abb. A.22. Die extrem stark verrauschte Überlagerung zweier Sinus-Schwingungen mit 11 und 17 Hz (mit gleichen Amplituden) wurde Fourier-analysiert. Dargestellt ist der Betrag $|G_j|$ der Fourier-Transformierten für die Frequenzen von 0 bis 50 Hz. Signal und Rauschen sind nicht mehr gut zu unterscheiden.

213 Man berechne das Integral

$$\int_{-\infty}^{\infty} \frac{\mathrm{d}x}{x^2 + 1}$$

mithilfe des Residuensatzes. ◇

$$f(z) = \frac{1}{z^2 + 1} = \frac{1}{(z - \mathrm{i})(z + \mathrm{i})}$$

ist analytisch im Gebiet $\mathbb{C}\backslash\{\mathrm{i}, -\mathrm{i}\}$. Man darf den Integrationsweg durch einen Halbkreis im Unendlichen schließen, und zwar sowohl in der oberen als in der unteren Halbebene. Mit wachsendem R wächst die Weglänge proportional zu R, während der Integrand wie $1/R^2$ abfällt. Den geschlossenen Weg in der oberen Halbebene kann man zu einem beliebig kurzen Weg um die Polstelle $z = \mathrm{i}$ zusammenziehen, und mit dem Residuensatz erhält man $2\pi\mathrm{i}/(2\mathrm{i}) = \pi$. Schließt man den Integrationsweg in der unteren Halbebene, kommt dasselbe heraus. ✓

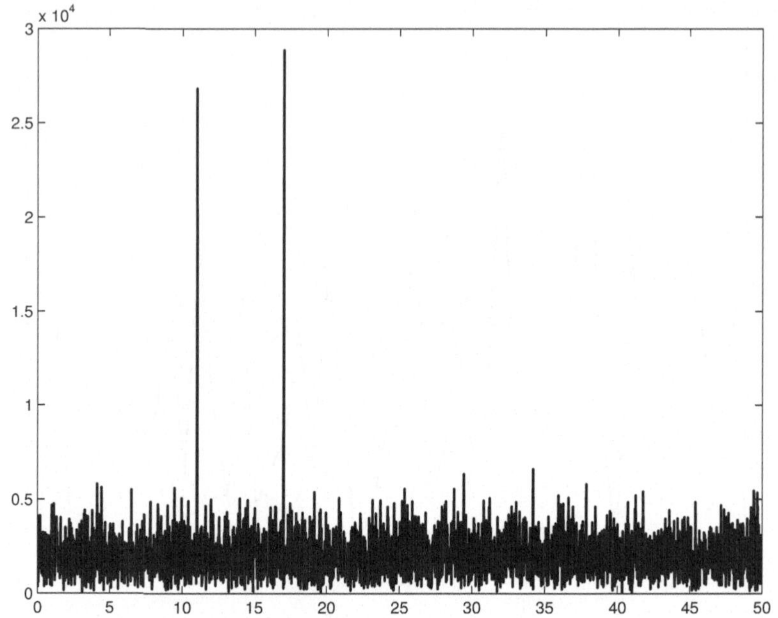

Abb. A.23. Die extrem stark verrauschte Überlagerung zweier Sinus-Schwingungen mit 11 und 17 Hz (mit gleichen Amplituden) wurde Fourier-analysiert. Das Signal wurde nicht nur wie vorher im Millisekundentakt eine Sekunde lang, sondern eine Minute lang aufgezeichnet. Dargestellt ist der Betrag $|G_j|$ der Fourier-Transformierten für die Frequenzen von 0 bis 50 Hz. Man erkennt deutlich die Beiträge mit 11 und 17 Hz. Den Untergrund nennt man weißes Rauschen. Weiß, weil es von der Frequenz nicht abhängt.

214   Überprüfen Sie das Ergebnis der voranstehenden Aufgabe, indem Sie zu $f(x) = 1/(x^2 + 1)$ eine Stammfunktion suchen, zum Beispiel im Abschnitt über *Elementare Funktion* des *Mathematikbuches*. ◇

Es gilt $\arctan'(x) = 1/(x^2 + 1)$. Das Integral hat daher den Wert $\pi/2 + \pi/2 = \pi$. ✓

215   Berechnen Sie die Fourier-Transformierte

$$\hat{f}(k) = \int dx\, \frac{e^{-ikx}}{x^2 + 1}\,.$$

◇

Weil die ursprüngliche Funktion reell und symmetrisch ist, gilt das auch für die Fourier-Transformierte. Wir können daher $k \leq 0$ wählen. Man argumentiert wie bei der Lösung zur Aufgabe 213, darf jetzt allerdings den Integrationsweg nur in der oberen Halbebene schließen. Mit dem Residuensatz ergibt sich

$$\hat{f}(k) = 2\pi\mathrm{i}\,\frac{\mathrm{e}^k}{2\mathrm{i}} = \pi\,\mathrm{e}^{-|k|} \; .$$

Wir haben $-|k|$ beschrieben, damit die Fourier-Transformierte symmetrisch wird. Das wäre auch bei einer Fallunterscheidung $k > 0$ und $k < 0$ herausgekommen. Für $k = 0$ stimmt das Ergebnis mit der Lösung der Aufgabe 213 überein. ✓

216   Transformieren Sie die soeben berechnete Fourier-Transformierte wieder zurück:

$$f(x) = \int \frac{\mathrm{d}k}{2\pi}\,\mathrm{e}^{\mathrm{i}kx}\,\pi\,\mathrm{e}^{-|k|} \; .$$

◇

Es gilt

$$f(x) = \frac{1}{2}\int_{-\infty}^{0} \mathrm{d}k\,\mathrm{e}^{k(\mathrm{i}x+1)} + \frac{1}{2}\int_{0}^{\infty} \mathrm{d}k\,\mathrm{e}^{k(\mathrm{i}x-1)} \; .$$

Der erste Beitrag ist $1/2(\mathrm{i}x + 1)$, der zweite $-1/2(\mathrm{i}x - 1)$, und zusammen ergibt das $1/(x^2 + 1)$. Richtig gerechnet. ✓

217   Berechnen Sie $F^i{}_j = \partial_j f^i$. ◇

$$F^i{}_j = \begin{pmatrix} F^1{}_1 & F^1{}_2 \\ F^2{}_1 & F^2{}_2 \end{pmatrix} = \begin{pmatrix} x/r & y/r \\ -y/r^2 & x/r^2 \end{pmatrix} \; .$$

Dabei steht r für $r(x,y) = \sqrt{x^2 + y^2}$. Die Determinante dieser Matrix hat den Wert $1/r$, daher ist die Transformation im Gebiet $r > 0$ umkehrbar. ✓

218   Berechnen Sie $G^i{}_j = \partial_j g^i$. ◇

$$G^i{}_j = \begin{pmatrix} G^1{}_1 & G^1{}_2 \\ G^2{}_1 & G^2{}_2 \end{pmatrix} = \begin{pmatrix} \cos\phi & -r\sin\phi \\ \sin\phi & r\cos\phi \end{pmatrix} \; .$$

Die Determinante dieser Matrix hat den Wert r, daher ist die Transformation im Gebiet $r > 0$ umkehrbar. ✓

219   Wir beziehen uns auf die voranstehende Aufgabe. Berechnen Sie die zur Matrix G inverse Matrix und vergleichen Sie mit der Matrix F der Aufgabe 217. ◇

$$G^{-1} = \begin{pmatrix} \cos\phi & \sin\phi \\ -\sin\phi/r & \cos\phi/r \end{pmatrix} = \begin{pmatrix} x/r & y/r \\ -y/r^2 & x/r^2 \end{pmatrix} = F$$

✓

220   Zeigen Sie, dass

$$\begin{pmatrix} \partial_r P \\ \partial_\phi P \end{pmatrix} = G \begin{pmatrix} \partial_x K \\ \partial_y K \end{pmatrix}$$

gilt. Mit anderen Worten: der Gradient transformiert sich als kovarianter Vektor. $\diamond$

Es gilt

$$\frac{\partial P}{\partial r} = \frac{\partial x}{\partial r}\frac{\partial K}{\partial x} + \frac{\partial y}{\partial r}\frac{\partial K}{\partial y}\,,$$

und eine entsprechende Gleichung mit ϕ anstelle von r. Die Ableitungen des neuen Skalarfeldes nach den neuen Koordinaten hängt linear von den partiellen Ableitungen des alten Feldes nach den alten Koordinaten ab. Sie wird durch die Matrix $G = \partial(x,y)/\partial(r,\phi)$ vermittelt. $\checkmark$

221   Weil der Gradient sich kovariant transformiert, gilt umgekehrt auch

$$(\partial_x K, \partial_y K) = (\partial_r P, \partial_\phi P)\, F\,.$$

Wie sieht das konkret aus? Überlegen Sie sich einige Überprüfungen auf Plausibiltät. $\diamond$

$$\frac{\partial K}{\partial x} = \cos\phi\,\frac{\partial P}{\partial r} - \frac{\sin\phi}{r}\,\frac{\partial P}{\partial\phi} \quad\text{sowie}\quad \frac{\partial K}{\partial y} = \sin\phi\,\frac{\partial P}{\partial r} + \frac{\cos\phi}{r}\,\frac{\partial P}{\partial\phi}\,.$$

Wenn P nur von r abhängt, dann wächst die Funktion in Richtung $\boldsymbol{n} = (\cos\phi, \sin\phi)$, wie es sein sollte. Wenn P nur von ϕ abhängt, dann wächst die Funktion in Richtung $\boldsymbol{t} = (-\sin\phi, \cos\phi)$, also in einer Richtung senkrecht zu $\boldsymbol{n}$. Der Faktor $1/r$ ist plausibel, weil es sich um die Ableitungen nach Größen mit der Dimension einer Länge handelt. Die oben stehende Formel kombiniert beide Situationen. $\checkmark$

222   Prüfen Sie das für die Funktionen $K = K(x,y)$ und $P = P(r,\phi)$ nach, die dasselbe Skalarfeld beschreiben, einmal in kartesischen, dann in Polarkoordinaten. $\diamond$

Einmal gilt

$$\mathrm{d}K = \frac{\partial K}{\partial x}\mathrm{d}x + \frac{\partial K}{\partial y}\mathrm{d}y\,.$$

Rechnet man das in Polarkoordinaten um, dann erhält man

$$\left(\cos\phi\frac{\partial P}{\partial r} - \frac{\sin\phi}{r}\frac{\partial P}{\partial\phi}\right)(\cos\phi\,\mathrm{d}r - r\sin\phi\,\mathrm{d}\phi)$$

für den ersten Beitrag zu $\mathrm{d}K$. Der zweite ist

$$\left(\sin\phi\frac{\partial P}{\partial r} + \frac{\cos\phi}{r}\frac{\partial P}{\partial\phi}\right)(\sin\phi\,\mathrm{d}r + r\cos\phi\,\mathrm{d}\phi)\,.$$

Wenn man es zusammenfasst, heißt das

$$\mathrm{d}K = \frac{\partial P}{\partial r}\,\mathrm{d}r + \frac{\partial P}{\partial \phi}\,\mathrm{d}\phi = \mathrm{d}P\,.$$

✓

223   Wie rechnet sich der Skalar $\mathrm{d}s^2 = \mathrm{d}x^2 + \mathrm{d}y^2$ in Polarkoordinaten um? ◇

Es gilt

$$\mathrm{d}x = \cos\phi\,\mathrm{d}r - r\sin\phi\,\mathrm{d}\phi \quad \text{und} \quad \mathrm{d}y = \sin\phi\,\mathrm{d}r + r\cos\phi\,\mathrm{d}\phi\,,$$

und daraus folgt sofort

$$\mathrm{d}s^2 = \mathrm{d}x^2 + \mathrm{d}y^2 = \mathrm{d}r^2 + r^2\mathrm{d}\phi^2\,.$$

✓

224   Rechnen Sie den Skalar $\mathrm{d}s^2$ auf Kugelkoordinaten um. ◇

Man berechnet

$$\begin{pmatrix} \mathrm{d}x \\ \mathrm{d}y \\ \mathrm{d}z \end{pmatrix} = \begin{pmatrix} \sin\theta\cos\phi & r\cos\theta\cos\phi & -r\sin\theta\sin\phi \\ \sin\theta\sin\phi & r\cos\theta\sin\phi & r\sin\theta\cos\phi \\ \cos\theta & -r\sin\theta & 0 \end{pmatrix} \begin{pmatrix} \mathrm{d}r \\ \mathrm{d}\theta \\ \mathrm{d}\phi \end{pmatrix}\,.$$

Die Matrix ist das Gegenstück zur Matrix G der voranstehenden Aufgaben. Das führt zu

$$\mathrm{d}s^2 = \mathrm{d}x^2 + \mathrm{d}y^2 + \mathrm{d}z^2 = \mathrm{d}r^2 + r^2\,\mathrm{d}\theta^2 + r^2\sin^2\theta\,\mathrm{d}\phi^2\,.$$

✓

225   Zeigen Sie, dass $T_3\circ(T_2\circ T_1) = (T_3\circ T_2)\circ T_1$ gilt und weisen Sie $IT = TI$ nach. ◇

Beide Seiten der ersten Gleichung laufen auf $x \to T_3(T_2(T_1(x)))$ hinaus. Die Verknüpfung erfüllt das Assoziativgesetz. Es gilt $(IT)(x) = I(T(x)) = T(x)$ sowie $(TI)(x) = T(I(x)) = T(x)$. In der Tat spielt die identische Abbildung die Rolle der Gruppeneins. ✓

226   Bilden die linearen Abbildungen $L : \mathbb{R}^3 \to \mathbb{R}^3$ eine Gruppe? Schließlich ist die Komposition (Nacheinanderausführen) linearer Abbildungen wieder eine lineare Abbildung. Und eine Eins ist auch vorhanden. ◇

Nein, die allgemeine lineare Transformation $y_j = \sum_k L_{jk} x_k$ wird durch eine 3×3 aus reellen Zahlen vermittelt. Nicht alle solche Matrizen haben eine nicht-verschwindende Determinante. Es gibt also nicht-umkehrbare lineare Transformationen. Damit können die linearen Transformationen keine Gruppe bilden. ✓

227   Drehungen des $\mathbb{R}^3$ sind lineare Transformationen. Sie erhalten die Länge

$$|x| = \sqrt{x_1^2 + x_2^2 + x_3^2}\,.$$

Welche Einschränkung bedeutet das für die Matrizen R? Zeigen Sie, dass die Drehungen eine Gruppe bilden. $\diamond$

Für jedes $x \in \mathbb{R}^3$ muss

$$(Rx, Rx) = (R^\dagger Rx, x) = (x, x)$$

gelten, und das bedeutet $R^\dagger R = I$. Wegen $\det(R^\dagger) = \det(R)$ heißt das $\det(R)^2 = 1$. Die Determinante der Matrix R verschwindet also nicht, es gilt $\det(R) = \pm 1$. Es gibt also eine inverse Matrix R^{-1}. Multipliziert man $R^\dagger R = I$ erst von rechts mit R^{-1} und dann von links mit R, so ergibt sich $RR^\dagger = I$. Die Drehungen bilden offensichtlich eine Gruppe. $\checkmark$

228   Echte Drehungen sind durch Drehmatrizen R mit $\det(R) = 1$ ausgezeichnet. Zeigen Sie, dass die echten Drehungen eine Untergruppe der $O(3)$ bilden, die Gruppe $SO(3)$. $\diamond$

Für $R_1, R_2 \in SO(3)$ und $R_3 = R_2 R_1$ gilt $\det(R_3) = \det(R_2)\det(R_1) = 1$. Damit gehört R_3 wiederum zu $SO(3)$, und wir haben eine Gruppe vor uns. $\checkmark$

229   Sei I die identische Abbildung im $\mathbb{R}^3$. $-I$ bezeichnet man als Raumspiegelung. Zeigen Sie, dass $S = \{I, -I\}$ eine Untergruppe von $O(3)$ ist. $\diamond$

Wegen $\det(I) = 1$ und wegen $\det(-I) = -1$ gehören die Elemente zu $O(3)$, sind also Drehungen. Das ist die Multiplikationstafel:

$$
\begin{array}{c|cc}
 & I & -I \\
\hline
I & I & -I \\
-I & -I & I
\end{array}\,.
$$

Wir haben also eine (abelsche) Gruppe vor uns. $\checkmark$

230   Geben Sie die Matrizen R_1, R_2, R_3 an, die ein Drehung[3] um den Winkel α beschreiben, und zwar um die 1-, 2- und 3-Achsen. $\diamond$

$$
R_1(\alpha) = \begin{pmatrix} 1 & 0 & 0 \\ 0 & \cos\alpha & \sin\alpha \\ 0 & -\sin\alpha & \cos\alpha \end{pmatrix},
$$

---

[3] Das Koordinatensystem wird gedreht. $R_3(\alpha)$ macht aus dem alten Vektor $(1,0,0)$ den neuen Vektor $(\cos\alpha, -\sin\alpha, 0)$.

$$R_2(\alpha) = \begin{pmatrix} \cos\alpha & 0 & -\sin\alpha \\ 0 & 1 & 0 \\ \sin\alpha & 0 & \cos\alpha \end{pmatrix},$$

und

$$R_3(\alpha) = \begin{pmatrix} \cos\alpha & \sin\alpha & 0 \\ -\sin\alpha & \cos\alpha & 0 \\ 0 & 0 & 1 \end{pmatrix}.$$

Die Matrixelemente von $(R_i)_{jk}$ auf der Diagonalen $j = k$ sind 1 für $i = j$ und $\cos\alpha$ für $i \neq j$. Ansonsten gilt $(R_i)_{jk} = \epsilon_{ijk}\sin\alpha$. ✓

231 Wir beziehen uns auf die voranstehende Aufgabe. Entwickeln Sie die Drehmatrizen für kleine Winkel α, also gemäß $R_i(\alpha) = I + i\alpha L_i + \ldots$ Prüfen Sie $[L_1, L_2] = iL_3$ und so weiter nach. Überprüfen Sie, dass die L_i selbstadjungierte Operatoren beschreiben. ◇

$$L_1 = \begin{pmatrix} 0 & 0 & 0 \\ 0 & 0 & -i \\ 0 & i & 0 \end{pmatrix}, \quad L_2 = \begin{pmatrix} 0 & 0 & i \\ 0 & 0 & 0 \\ -i & 0 & 0 \end{pmatrix}, \quad L_3 = \begin{pmatrix} 0 & -i & 0 \\ i & 0 & 0 \\ 0 & 0 & 0 \end{pmatrix}.$$

Es gilt offensichtlich $(L_i)_{jk} = -i\epsilon_{ijk}$. Weil die Ausdrücke regelmäßig aufgebaut sind, genügt es, den Kommutator $[L_1, L_2] = iL$ zu betrachten. Dafür berechnet man die Matrix

$$L = \begin{pmatrix} 0 & i & 0 \\ -i & 0 & 0 \\ 0 & 0 & 0 \end{pmatrix},$$

und das stimmt, wie es sein soll, mit L_3 überein. Es gelten also $[L_1, L_2] = iL_3$ und entsprechende Formeln nach zyklischer Vertauschung der Indizes. Die Matrizen L_i sind hermitesch, beschreiben also selbstadjungierte Operatoren. ✓

232 Rechnen Sie $R_1(\alpha) = e^{i\alpha L_1}$ aus. Es genügt $L_1{}^2$ und $L_1{}^3$ zu berechnen. ◇

Es gilt

$$L_1{}^2 = \begin{pmatrix} 0 & 0 & 0 \\ 0 & 1 & 0 \\ 0 & 0 & 1 \end{pmatrix} \quad \text{und} \quad L_1{}^3 = \begin{pmatrix} 0 & 0 & 0 \\ 0 & 0 & -i \\ 0 & i & 0 \end{pmatrix} = L_1.$$

Damit kann man nun für die Potenzreihe

$$e^{i\alpha L_1} = \begin{pmatrix} 1 & 0 & 0 \\ 0 & 0 & 0 \\ 0 & 0 & 0 \end{pmatrix} + \cos\alpha \begin{pmatrix} 0 & 0 & 0 \\ 0 & 1 & 0 \\ 0 & 0 & 1 \end{pmatrix} + \sin\alpha \begin{pmatrix} 0 & 0 & 0 \\ 0 & 0 & 1 \\ 0 & -1 & 0 \end{pmatrix}$$

schreiben, und das stimmt mit $R_1(\alpha)$ überein. ✓

233   Wenn N Datenpunkte (x_i, y_i) auf einer Geraden $f(x) = a + bx$ liegen sollten, spricht man von linearer Regression, um die optimale Gerade zu ermitteln. Dabei wird die Kostenfunktion

$$K(a, b) = \sum_{i=1}^{N} (y_i - a - bx_i)^2$$

verwendet (Methode der kleinsten Fehlerquadrate). Geben Sie an, wie man a und b ausrechnet, indem $\partial K / \partial a = 0$ und $\partial K / \partial b = 0$ gesetzt wird.   ◇

Wir führen den Mittelwert

$$\langle z \rangle = \frac{1}{N} \sum_{i=1}^{n} z_i$$

ein. Damit kann man die auf Null zu setzenden Ableitungen als

$$\langle y \rangle - a - b \langle x \rangle = 0 \quad \text{sowie} \quad \langle yx \rangle - a \langle x \rangle - b \langle x^2 \rangle = 0$$

schreiben. Das ergibt

$$b = \frac{\langle yx \rangle - \langle y \rangle \langle x \rangle}{\langle x^2 \rangle - \langle x \rangle^2}$$

für die Steigung der optimalen Geraden und

$$a = \langle y \rangle - b \langle x \rangle$$

für den Wert der optimalen Geraden bei $x = 0$.   ✓

234   Das folgende Programm erzeugt einen Satz verrauschter Daten. Passen Sie diese durch lineare Regression an. Stellen Sie die Datenpunkte sowie die ursprüngliche und auch die wiederhergestellte Gerade graphisch dar.

```
1    aa=1;
2    bb=-1;
3    N=50;
4    x=(1:N)/N+0.2*randn(1,N);
5    y=aa+bb*x+0.2*randn(1,N);
```

◇

```
1    defaultStream = RandStream.getDefaultStream;
2    aa=1;
3    bb=-1;
4    N=50;
5    x=(1:N)/N+0.2*randn(1,N);
6    y=aa+bb*x+0.2*randn(1,N);
7    EV=@(z) sum(z)/length(z);
8    b=(EV(y.*x)-EV(y)*EV(x))/(EV(x.*x)-EV(x)*EV(x));
9    a=EV(y)-b*EV(x);
```

```
10    plot(x,y,'ok','MarkerSize',6);
11    hold on;
12    plot(x,a+b*x,'-k','LineWidth',1.5);
13    plot(x,aa+bb*x,'.k','MarkerSize',18);
14    hold off;
15    axis tight;
16    print -deps2 vsopfig1.eps
17    ! epstopdf vsopfig1.eps
18    delete vsopfig1.eps
```

druckt die angepassten Parameter a und b aus und produziert Abbildung A.24.

235   Gehen Sie von dem Datensatz (x, y) der voranstehenden Aufgabe aus.
Jedoch sollen die Daten nicht an eine Gerade, sondern an eine Parabel angepasst werden. Erzeugen Sie ein Bild mit den verrauschten Daten, der ursprünglichen Geraden und mit der bestangepassten Parabel.

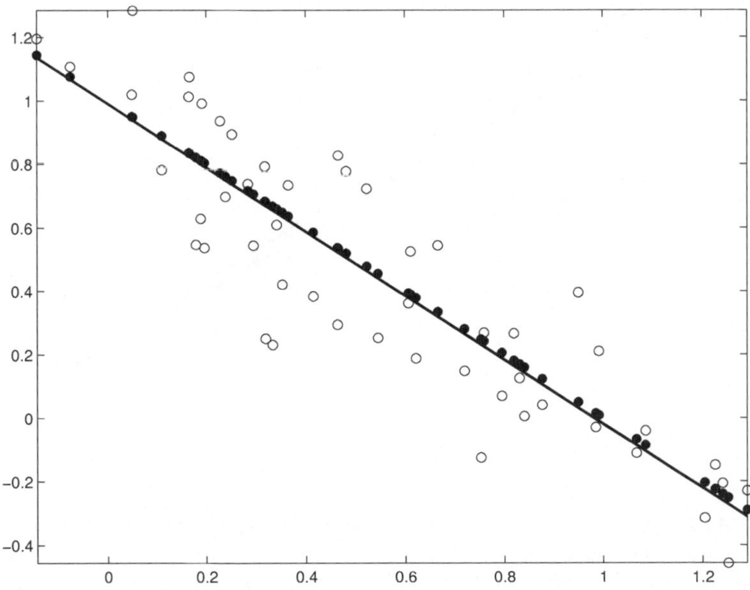

Abb. A.24. Verrauschte Daten (ungefüllte Kreisscheiben), die auf einer Geraden liegen sollten. Die durchgezogene Linie steht für die ursprüngliche Gerade.
Die gefüllten Kreise zeigen die an eine lineare Funktion angepassten Daten an.

```
1    aa=1;
2    bb=-1;
3    N=50;
4    x=(1:N)/N+0.2*randn(1,N);
5    y=aa+bb*x+0.2*randn(1,N);
6    plot(x,y,'ok','MarkerSize',6);
7    hold on;
8    plot(x,aa+bb*x,'-k','LineWidth',2);
9    pol=polyfit(x,y,2);
10   yp=polyval(pol,x);
11   plot(x,yp,'.k','Markersize',18);
12   hold off;
13   axis tight;
```

erzeugt Abbildung A.25.

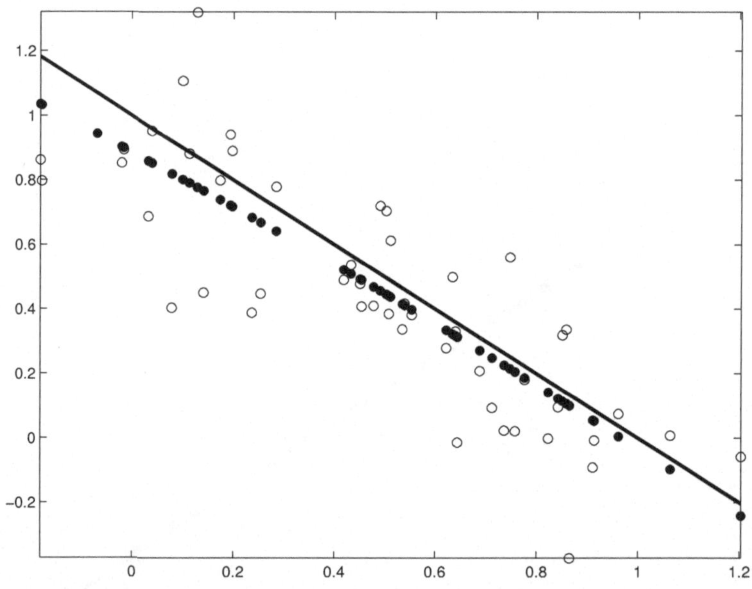

Abb. A.25. Die durchgezogene Linie zeigt die wahre Funktion $y = f(x)$, eine Gerade. Die ursprünglich äquidistanten Datenpunkte auf dieser Geraden wurden künstlich verrauscht (ungefüllte Kreise). Diese Datenpunkte haben wir bestmöglich an eine Parabel angepasst. Sie werden durch gefüllte Kreise dargestellt.

Wenn man mit dem voranstehenden Bild vergleicht, sieht man deutlich, dass der quadratische Anteil sehr klein ist. ✓

Als Fehler der Anpassung definiert man die Standardabweichung

$$\sigma = \sqrt{\frac{1}{N-1}\sum_{i=1}^{N}(f(x_i)-y_i)^2}\,.$$

Dabei wurden Messdaten $(x_1,y_1),(x_2,y_2),\ldots,(x_N,y_N)$ an ein Modell $y = f(x)$ angepasst.

236   Ergänzen Sie die Programme zu den beiden voranstehenden Aufgaben derart, dass auch die Standardabweichung ausgedruckt wird. Weil die lineare Funktion eine spezielle quadratische ist (mit dem Koeffizienten 0 vor x^2), sollte die Anpassung an eine Parabel besser sein. Stimmt das? $\diamond$

Die Anpassung der Daten an $f(x) = a + bx$ ergibt die Varianz $\sigma = 0.14784$. Die Anpassung derselben Daten an das Modell $f(x) = a + bx + cx^2$ liefert $\sigma = 0.14771$. Das ist eine so kleine Verbesserung, dass man daraus schließen kann, dass die ursprüngliche Funktion, also vor dem Verrauschen, linear war. $\checkmark$

237   Wir fassen p=[u,h,a,b] zu einem Parametervektor zusammen. Schreiben Sie eine MATLAB-Funktion

y=lorentz(p,x)

die diesen funktionalen Zusammenhang widerspiegelt. Programmieren Sie außerdem eine Funktion

mf=misfit(p,x,y)

die den größten Fehler $\max_k |y_k - f(x_k)|$ berechnet, wobei die Funktion f von den Parametern p abhängt.
   $\diamond$

```
1    function y=lorentz(p,x)
2    y=p(1)+(p(2)*p(4)^2)./((x-p(3)).^2+p(4)^2);

1    function mf=misfit(p,x,y)
2    mf=max(abs(y-lorentz(p,x)));
```

$\checkmark$

238   Wir befassen uns mit der Lorentz-Kurve

$$f(x) = 1 + \frac{1}{x^2 + 1}\,.$$

$x = [-4, 4]$ soll durch 128 Stützstellen dargestellt werden. Sowohl x als auch $f(x)$ sollen künstlich verrauscht werden, indem man normal-verteilte Zufallszahlen addiert (Standardabweichung 0.1). Diese simulierten 'Messwerte' sollen dann an eine Lorentz-Kurve angepasst werden. Stellen Sie das Ergebnis graphisch dar: die Originalkurve, die Messwerte, die Anpassung. ◇

Das folgende MATLAB-Skript ergibt Abbildung A.26.

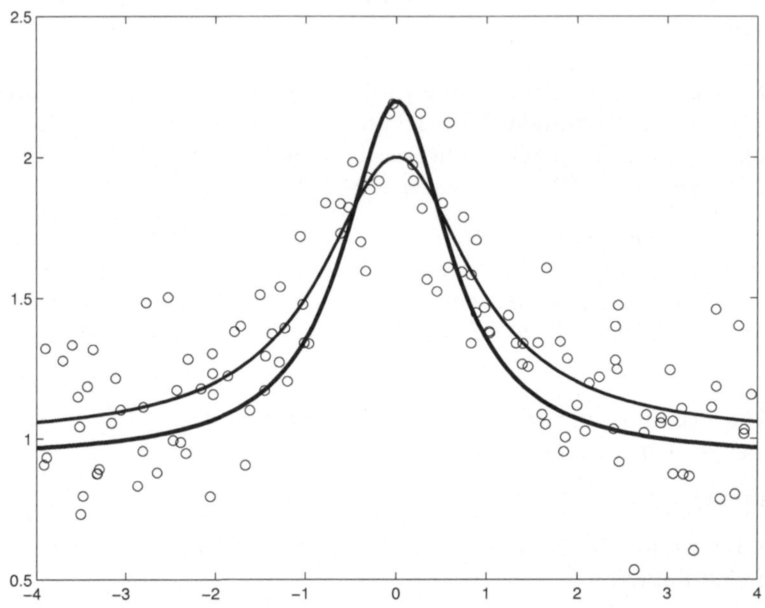

Abb. A.26. Die durchgezogene dünnere Linie zeigt die wahre Funktion $y = f(x)$, eine Lorentzfunktion. Die äquidistanten Datenpunkte auf dieser Lorentzkurve wurden künstlich verrauscht (Kreise). Diese Datenpunkte haben wir bestmöglich an eine Lorentzkurve angepasst, die dicker dargestellt ist.

```
1    rand('state',0);
2    p=[1,1,0,1];
3    x=linspace(-4,4,128);
4    y=lorentz(p,x);
5    plot(x,y,'-k','LineWidth',1.8);
6    hold on;
7    xr=x+0.1*randn(size(x));
8    yr=y+0.2*randn(size(y));
9    plot(xr,yr,'ok','MarkerSize',6);
10   mf=@(p) misfit(p,xr,yr);
11   [q,err]=fminsearch(mf,p);
12   plot(x,lorentz(q,x),'-k','LineWidth',2.5);
13   hold off;
14   axis([-4,4,0.5,2.5]);
```

Der erste Befehl versetzt den Zufallsgenerator jeweils in seinen Anfangszustand. Damit soll erreicht werden, dass die damit simulierten Daten jedes Mal dieselben sind. ✓

239   Wiederholen Sie die voranstehende Aufgabe mit der L_2-Norm und mit der L_1-Norm als Maß für die Fehlanpassung. Achten Sie auf

```
rand('state',0);
```

um jeweils mit denselben simulierten Messdaten zu rechnen. ◇

```
1    function mf=misfit2(p,x,y)
2    mf=sqrt(sum(abs(y-lorentz(p,x)).^2));
```

sowie

```
1    function mf=misfit1(p,x,y)
2    mf=sum(abs(y-lorentz(p,x)));
```

✓

240   Befragen Sie die Dokumentation über die voreingestellten Abbruchbedingungen des Simplex-Verfahrens nach Nelder und Mead.

Bauen Sie in das Programm der Aufgabe 237 die Anweisung

```
options=optimset('TolX',1e-5);
```

ein und ändern sie den Aufruf des Optimierungsprogramms in

```
[qq,err]=fminsearch(mf,p,options);
```

ab. Ändert sich etwas? ◇

Ja! Der beste Parametersatz

```
q=[0.9503,0.9840,0.0005,0.9233]
```

wird zu

```
qq=[0.9634,0.8523,-0.0015,1.4669]
```
✓

241   Man betrachtet in der x, z-Ebene ein Seil oder eine Kette mit beliebig kurzen Kettengliedern. σ sei die Masse pro Längeneinheit, die Schwerkraft wirkt in $-z$-Richtung. Der Graph $z = z(x)$ beschreibt die Form diese Kette, die bei (x_1, z_1) und (x_2, z_2) befestigt ist. Man schreibe einen Ausdruck für die Länge L der Kette an und einen Ausdruck für die potenzielle Energie E. ◇

$$L(z) = \int_{x_1}^{x_2} \mathrm{d}x \, \sqrt{1 + z'(x)^2}$$

und

$$E(z) = -g \int \mathrm{d}m\, z = -g\sigma \int_{x_1}^{x_2} \mathrm{d}x\, \sqrt{1 + z'(x)^2}\, z(x)\,.$$

g steht für die Schwerebeschleunigung. ✓

242 $\Phi(z) = E(z) + g\sigma z_0 L(z)$ ist eine Linerkombination der entsprechenden Funktionale, mit z_0 als einem Lagrange-Parameter. Setzen Sie die Frechét-Ableitung $\delta_v \Phi(z)$ gleich Null und wandeln Sie v' in v um. Welche Variationsgleichung ergibt sich? ◇

Die Stationaritätsbedingung ist

$$\int_{x_1}^{x_2} \mathrm{d}x\, \left\{ \frac{(z(x) - z_0)z'(x)v'(x)}{\sqrt{1 + z'(x)^2}} + \sqrt{1 + z'(x)^2}\, v(x) \right\} = 0$$

Mit $v(x_1) = v(x_2) = 0$ kann man partiell integrieren, und das ergibt

$$\int_{x_1}^{x_2} \mathrm{d}x\, v(x) \left\{ -\frac{\mathrm{d}}{\mathrm{d}x} \frac{(z(x) - z_0)z'(x)}{\sqrt{1 + z'(x)^2}} + \sqrt{1 + z'(x)^2} \right\} = 0\,.$$

Der letzte Ausdruck in geschweiften Klammern muss verschwinden. ✓

243 Rechnen Sie nach, dass für $f(x) = z(x) - z_0$ die Differenzialgleichung

$$f'' f - f'^{\,2} = 1$$

gilt. ◇

Man muss $z' = f'$ und $z'' = f''$ sowie

$$\frac{\mathrm{d}}{\mathrm{d}x} \sqrt{1 + f'^{\,2}} = \frac{f'f''}{\sqrt{1 + f'^{\,2}}}$$

beachten. ✓

244 Geben Sie die allgemeine Lösung dieser gewöhnlichen nichtlinearen Differenzialgleichung an. Man spricht auch von der Kettenlinie.[4] ◇

$$z(x) = z_0 + a \cosh\left(\frac{x - x_0}{a} \right)\,.$$

Wie es sein muss, ist $f = z - z_0$ eine zweiparametrige Schar von Lösungen (a und x_0), wie es sich für die Lösungen einer gewöhnlichen Differenzialgleichung zweiter Ordnung gehört. Die Kettenlinie hat bei $x = x_0$ eine waagerechte Tangente und die Krümmung a. Wenn a positiv ist, handelt es sich um den tiefsten Punkt und zugleich um die minimale potenzielle Energie. $a < 0$ ist auch zugelassen. Dann handelt es sich aber um ein Maximum der potenziellen Energie, um eine physikalisch instabile Lösung. ✓

---

[4] Katenoide

245   Wir beschreiben ein Gebiet durch $0 \leq r \leq R(\theta, \phi)$, mit Polarkoordinaten r, θ, ϕ. Geben Sie Ausdrücke für das Volumen $V(R)$ und die Oberfläche $S = S(R)$ an. $\diamond$

$$V(R) = \int_0^\pi \mathrm{d}\theta \, \sin\theta \int_0^{2\pi} \mathrm{d}\phi \int_0^{R(\theta,\phi)} \mathrm{d}r \, r^2$$

und

$$S(R) = \int_0^\pi \mathrm{d}\theta \, \sin\theta \int_0^{2\pi} \mathrm{d}\phi \, R^2(\theta, \phi) \,.$$

✓

246   Bei welcher Funktion $R = R(\theta, \phi)$ ist das Funktional

$$\Phi(R) = V(R) - \frac{r_0}{2} S(R)$$

stationär? r_0 ist ein Lagrange-Multiplikator. $\diamond$

$$R(\theta, \phi) = r_0 \,.$$

Unter allen Gebieten mit dem gleichen Volumen hat die Kugel die kleinste Oberfläche. ✓

247   Wir beziehen uns auf die voranstehende Aufgabe. Warum handelt es sich eigentlich bei der Kugel um das Gebiet mit der <u>kleinsten</u> Oberfläche? Dafür muss man $\delta_v \delta_v S(R)$ bei $R\theta, \phi) = r_0$ ausrechnen. Ist das Ergebnis positiv, dann handelt es sich um ein Minimum. Denn in erster Ordnung ändert sich ja das Volumen nicht. $\diamond$

$$\delta_v \delta_v S(R) = 2 \int_0^\pi \mathrm{d}\theta \, \sin\theta \int_0^{2\pi} \mathrm{d}\phi \, v^2(\theta, \phi) \geq 0 \,.$$

✓

248   Die freie Energie eines thermodynamischen Systems in einem beliebigen Zustand W ist durch

$$F(T, W) = \operatorname{tr} W \{ H + k_\mathrm{B} T \ln W \}$$

gegeben. T ist die Umgebungstemperatur, k_B die Boltzmann-Konstante und H die Energie-Observable des Systems, der Hamilton-Operator. Der gemischte Zustand W ist gemäß

$$I(W) = \operatorname{tr} W I = 1$$

normiert. Für welchen Zustand G ist die freie Energie $W \rightarrow F(T, W)$ minimal? $\diamond$

Wir betrachten $\Phi(W) = F(T, W) - FI(W)$, mit dem Lagrange-Parameter F.

Die Frechét-Ableitung in Richtung v, einem linearen Operator, ist

$$\delta_v\Phi(G) = \operatorname{tr} v\left\{H + k_\mathrm{B}T \ln G - FI\right\}.$$

$\delta_v\Phi(G) = 0$ führt auf

$$G = \mathrm{e}^{(FI - H)/k_\mathrm{B}T}.$$

Das ist der Gibbs-Zustand, der das Gleichgewicht mit einer Umgebung der Temperatur T beschreibt. F und T sind Zahlen. G, H und I sind lineare Operatoren, nämlich ein Dichteoperator, die Energie, und der Einheitsoperator. Das Gleichgewicht in einer Umgebung der Temperatur T ist durch minimale freie Energie ausgezeichnet. $\checkmark$

249   Sei

$$f(t, v) = -\frac{3}{2}t \ln t - t \ln v,$$

definiert für $t > 0$ und $v > 0$. Es handelt sich um die freie Energie, die von der Temperatur t und dem Volumen v abhängt. Berechnen Sie

$$s(t, v) = -\partial_t f(t, v),$$

das ist die Entropie, und

$$p(t, v) = -\partial_v f(t, v),$$

den Druck. Es gilt also $\mathrm{d}f = -s\mathrm{d}t - p\mathrm{d}v$. $\diamond$

$$s(t, v) = \frac{3}{2}(1 + \ln t) + \ln v,$$

$$p(t, v) = \frac{t}{v}.$$

$\checkmark$

250   Rechnen Sie nach, dass $t \to f(t, v)$ immer konkav und $v \to f(t, v)$ immer konvex ist. $\diamond$

$$\partial_t^2 f(t, v) = -\frac{3}{2t} < 0$$

und

$$\partial_v^2 f(t, v) = \frac{t}{v^2} > 0.\quad\checkmark$$

251   Berechnen Sie die innere Energie $u = u(s, v) = f + ts$ als Legendre-Transformierte der freien Energie in Bezug auf die Temperatur. Es gilt also $\mathrm{d}u = t\mathrm{d}s - p\mathrm{d}v$. Rechnen Sie auch $t = t(s, v)$ und $p = p(s, v)$ aus. Zur Kontrolle: stimmt $pv = t$? $\diamond$

$$u(s,v) = \frac{3}{2}v^{-2/3}\,\mathrm{e}^{2s/3\,-\,1}\,,$$

$$t(s,v) = v^{-2/3}\,\mathrm{e}^{2s/3\,-\,1}\,,$$

$$p(s,v) = v^{-5/2}\,\mathrm{e}^{2s/3\,-\,1}\,.$$

$pv = t$ springt ins Auge. Temperatur und Druck sind immer positiv, auch für negative Werte der Entropie, was ja bekanntlich anzeigt, dass die klassische Näherung nicht mehr stimmt. $\checkmark$

252 Berechnen Sie das Gibbspotenzial $g = g(t,p) = f + pv$ als Legendre-Transformierte der freien Energie in Bezug auf das Volumen. Es gilt also $\mathrm{d}g = -s\mathrm{d}t + v\mathrm{d}p$. Rechnen Sie auch $s = s(t,p)$ und $v = v(t,p)$ aus. Zur Kontrolle: stimmt $pv = t$? $\diamond$

$$g(t,p) = t - \frac{5}{2}t\ln t + t\ln p\,,$$

$$s(t,p) = \frac{3}{2} + \frac{5}{2}\ln t - \ln p\,,$$

$$v(t,p) = \frac{t}{p}\,.$$

$pv = t$ ist offensichtlich. $\checkmark$

253 Berechnen Sie die Enthalpie $h = h(s,p) = f + st + pv$ als Legendre-Transformierte der freien Energie in Bezug auf Temperatur und Volumen. Es gilt also $\mathrm{d}h = t\mathrm{d}s + v\mathrm{d}p$. Rechnen Sie auch $t = t(s,p)$ und $v = v(s,p)$ aus. Zur Kontrolle: stimmt $pv = t$? Hinweis: Sie können auch $h = u - pv$ oder $h = g + st$ berechnen. $\diamond$

$$h(s,p) = \frac{5}{2}p^{2/5}\,\mathrm{e}^{2s/5\,-\,3/5}\,,$$

$$t(s,p) = p^{2/5}\,\mathrm{e}^{2s/5\,-\,3/5}\,,$$

$$v(t,s) = p^{-3/5}\,\mathrm{e}^{2s/5\,-\,3/5}\,.$$

$pv = t$ ist wiederum erfüllt. $\checkmark$

254 Zeigen Sie, dass $t,p \to g(t,p)$ konkav ist. Dafür muss man die Matrix

$$\Gamma = \begin{pmatrix} \dfrac{\partial^2 g}{\partial t\partial t} & \dfrac{\partial^2 g}{\partial t\partial p} \\[3mm] \dfrac{\partial^2 g}{\partial p\partial t} & \dfrac{\partial^2 g}{\partial p\partial p} \end{pmatrix}$$

ausrechnen und nachweisen, dass beide Eigenwerte negativ sind. Hinweis: Die Spur einer Matrix stimmt mit der Summe der Eigenwerte überein, die Determinante ist das Produkt der Eigenwerte. Temperatur t und Druck p sind immer positiv. $\diamond$

$$\Gamma = \begin{pmatrix} -5/2t & 1/p \\ 1/p & -t/p^2 \end{pmatrix}.$$

Die Spur ist negativ, die Determinante $3/2p^2$ positiv. Also sind die beiden Eigenwerte negativ. $\checkmark$

255   Manche Autoren bevorzugen einen Zugang zur Thermodynamik, der die Entropie als Funktion der inneren Energie und der äußeren Parameter (hier: Volumen) an den Anfang stellt. Berechnen Sie im Sinne der voranstehenden Aufgaben die Entropie eines verdünnten Gases aus identischen Atomen, also $s = s(u,v)$. Es gilt $tds = du + pdv$. $\diamond$

Man muss $u(s,v) = \frac{3}{2}v^{-2/3}\,e^{2s/3 - 1}$ (siehe Aufgabe 251) umstellen, das ergibt die Funktion

$$s(u,v) = s_1 + \frac{3}{2}\ln u + \ln v\,,$$

mit $s_1 = s(1,1)$ als einer unbedeutenden Konstanten. Daraus folgt

$$t(u,v) = \frac{2u}{3}$$

sowie

$$p(u,v) = \frac{2u}{3v}\,.$$

So muss es sein: $pv = t$. $\checkmark$

256   Weisen Sie nach, dass $u, v \rightarrow s(u,v)$ konkav ist. $\diamond$

Das ist ganz besonders einfach. Die zweifache Ableitung der Entropie $s = s(u,v)$ nach der inneren Energie u ist immer negativ. Die zweifache Ableitung der Entropie nach dem Volumen v ist gleichfalls immer negativ. Die gemischten Ableitungen verschwinden. $\checkmark$

B

Mathematische Formeln mit LaTeX

Als sein Lebenswerk hatte Donald Knuth die Buchreihe 'The Art of Computer Programming' sorgfältig geplant. Bis ihm sein Verlag dazwischen kam. Er möge doch bitte weniger Zeichensätze benutzen und seine Formeln so stark vereinfachen, dass man sie mit den vorhandenen Schreibprogrammen umsetzen könne. Darauf hat Knuth, der ursprünglich Physik studiert hat und nun Professor für Informatik an der Stanford University war, anders als erwartet reagiert. Er nahm sich eine Auszeit und programmierte zwei Programmpakete, nämlich TeX und METAFONT.

Mit TeX kann man normale Texte schreiben, mathematische Formeln erzeugen und Unterprogramme (Makros) formulieren, um das Programm beliebig zu erweitern. TeX kann alle möglichen Zeichensätze verwenden, wenn sie TeX-gerecht beschrieben werden.

METAFONT ist ein Programmpaket, mit dem man Glyphen (Schriftzeichen) aller Art beliebig genau spezifizieren kann, um solche Zeichensätze zu erzeugen. Zum Beispiel die Schriften *Computer Modern Roman*, CMR.

Donald Knuth hat sein Ziel erreicht: die altehrwürdige Buchdruckerkunst in das digitale Zeitalter hinüber zu retten.

Leslie Lamport hat ein Paket von Makros verfasst, das als LaTeX bekannt ist. Es schirmt den Benutzer von TeXnischen Details ab und ist auf die Erstellung strukturierter Dokumente abgestellt, *A Document Preparation System*.[1] Wer Mathematik, Physik oder ein verwandtes Fach studiert, kommt an LaTeX nicht vorbei. Aber auch in anderen Disziplinen, wenn mathematische Formeln überhaupt nicht vorkommen, fährt man mit LaTeX besser als mit OpenOffice oder mit MS-Word. Der Grund ist die leicht erlernbare Makrosprache, mit der häufig vorkommende Aufgaben gleicher Art formalisiert werden können.

---

[1] Leslie Lamport, *LaTeX, A Document Preparation System*, Addison-Wesley, 2nd ed.,1994. Es gibt auch eine Übersetzung ins Deutsche. Das Buch ist ein didaktisch geschickt aufgebautes Benutzerhandbuch und enthält zugleich die formale Beschreibung aller LaTeX-Befehle.

Und: LaTeX ist freie Software und läuft auf allen Rechnern, unter MS-Windows, auf dem McIntosh und unter allen mir bekannten Varianten von Unix, zum Beispiel Ubuntu. LaTeX und seine Helferprogramme, und davon gibt es Tausende, werden von einer aktiven Gemeinde fortentwickelt. LaTeX-Dokumente werden in Klartext verfasst und sind daher portabel in dem Sinne, dass sie von einem Rechner auf einen anderen übertragen werden können. LaTeX-Dokumente sind keine Texte im herkömmlichen Sinn, sonder Programme zur Herstellung von Dokumenten, die man sich ansehen und die man drucken kann.

Wir werden im Folgenden beschreiben, wie man LaTeX unter MS-Windows und eine passgenaue Entwicklungsumgebung installiert. Wer mit anderen Betriebssystem arbeitet, weiß für gewöhnlich, warum er das macht und wird sich daher selber helfen können.

Danach beschreiben wir den formalen Aufbau eines LaTeX-Dokumentes am Beispiel eines Artikels und wie man laufenden Text eingibt.

Es folgt ein Abschnitte über einfache Formeln, der hoffentlich klar machen wird, dass die logische Beschreibung mathematischer Ausdrücke zu optische ansprechenden Ergebnissen führt. Nur wenige Regeln sind zu beachten.

Im letzten Abschnitt versuchen wir eine Übersicht über die enorme Flexibilität des Formelsatzes, indem wir Makros einsetzen. Damit kann jede Art von Regelmäßigkeit formuliert werden, so dass man bei Fehlern oder Anpassungen nur an einer Stelle ändern muss.

B.1 Installation

Für MS-Windows empfehle ich das Paket MikTeX. Man kann die jeweils aktuelle Fassung—wie alle TeX-Software—von CTAN herunterladen,[2] dem *Comprehensive Tex Archive Network*. Man kann aber auch direkt auf die Heimatseite[3] gehen und sich die letzte stabile Fassung herunterladen. Sie sollten immer mit der *basic MikTeX installation* beginnen. Wenn später einmal ein Paket fehlen sollte, beschafft MikTeX es automatisch.

Während Sie an einem Projekt arbeiten und alles gut läuft, sollten Sie nicht zu einer neueren Fassung wechseln. TeX ist so ausgereift, dass es sich kaum noch ändert.

Über Start|Programme|MiKTeX|Maintanance|Update kann man nach inzwischen geänderten Paketen suchen und diese einzeln oder insgesamt installieren.

Erst nachdem man MikTeX installiert hat, sollte man eine Entwicklungsumgebung einrichten. Die entsprechenden Programme suchen meist selbständig nach den benötigten TeX-Programmen, wie `pdflatex.exe`.

Ich habe alle Entwicklungsumgebungen ausprobiert und bis vor kurzem WinEdt benutzt. Neben vielen Vorzügen hat das Programm wenigstens drei

---

[2] `http://www.ctan.org/`
[3] `http://www.miktex.org/`

Schwachstellen. Die unwesentlichste ist, dass man nach einer Probezeit eine Lizenz kaufen sollte. Schwerer wiegt, dass WinEdt auf MS-Windows zugeschnitten ist und noch nicht mit dem Standard UTF-8 umgehen kann. Der dritte Schwachpunkt ist, dass WinEdt über einen trickreichen Mechanismus den Acrobat-Reader einspannt, um PDF-Dateien darzustellen. Und zwar so, dass man nach Neukompilation der Quelle an die vorher betrachtete Stelle im PDF-Dokument geführt wird. Wenn Adobe eine neue Version herausbringt, funktioniert das im Allgemeinen nicht mehr richtig.

Ab MiKTeX Version 2.8 wird eine kleine Entwicklungsumgebung mitgeliefert, nämlich TeXworks, die alle drei Vorbehalte gegenüber WinEdt beseitigt. Erstens handelt es sich um wirklich freie Software. Zweitens, der Editor ist auf Unicode voreingestellt, wird aber auch mit allen anderen gängigen Zeichenkodierungen fertig. Und drittens, TeXworks bringt seinen eigenen PDF-Betrachter mit und ist so von Adobe unabhängig. Außerdem: TeXworks ist portabel, es läuft auf allen gängigen Plattformen wie Windows, Unix-Dialekten wie Ubuntu, und auch auf dem McIntosh. Dasselbe gilt für die gleichfalls empfehlenswerte Entwicklungsumgebung TeXMaker.

Das beste aber an TeXworks ist die Synchronisation zwischen Quelle und Ergebnis. Durch Klicken (bei gedrückter Control-Taste) gelangt man von einer Stelle im Quellcode direkt an das visuelle Ergebnis, und umgekehrt. Bemerkt man beim Betrachten der PDF-Datei einen Fehler, kann man direkt zur entsprechenden Stelle im Quellcode springen. Nötigenfalls wird die Datei in den Editor geladen.

Übrigens kann man die frei verfügbaren Wörterbücher von OpenOffice oder Thunderbird zur Rechtschreibprüfung einbinden. TeXworks enthält bereits die Wörterbücher für Englisch, Deutsch und Französisch. Eine große Hilfe...

Wer seinen Rechner lieber mit einem Unix-Betriebssystem ausstattet, etwa Ubuntu, weiß für gewöhnlich, was er zu tun hat, um LaTeX zu installieren und anschließend TeXworks. Seit 2010 steht die neue TeXLive-Version zur Verfügung, die zwischen Quelledateien und Ergebnis synchronisieren kann. Wenn Zeichensätze oder Pakete fehlen, muss man allerdings nachinstallieren, das geschieht nicht automatisch wie bei MiKTeX.

B.2 LaTeX-Dokumente

Wir beschreiben die allgemeine Struktur eines LaTeX-Dokumentes, wie man es in eine les- und druckbare Form bringt und erklären die wichtigsten Regeln für ein gegliedertes Textdokument.

B.2.1 Präambel und Text

Jedes LaTeX-Dokument besteht aus zwei Teilen, der Präambel und dem Text.

Der Text beginnt mit der Zeile
`\begin{document}`
und endet mit der Zeile
`\end{document}`.

Alle Anweisungen davor bilden die Präambel. Darin wird aufgeführt, wie das Dokument insgesamt formatiert werden soll und welche Zusatzpakete benötigt werden.

Hier ein *nonsense*-Beispiel, das jedoch das Wichtigste erklärt.

```
 1    % this file is uebung2.tex
 2    \documentclass[a4paper,11pt,fleqn]{article}
 3    \usepackage[latin1]{inputenc}
 4    \usepackage[T1]{fontenc}
 5    \usepackage{lmodern}
 6    \usepackage[ngerman]{babel}
 7    \usepackage[pdftex]{graphicx}
 8    \usepackage{amssymb}
 9    \usepackage{moreverb}
10    \setlength{\parskip}{1mm}
11    \setlength{\parindent}{0mm}
12    \author{Nora Nöther}
13    \title{Übungen zur Mathematik, SS 2010}
14    \date{\today}
15    \begin{document}
16    \maketitle
17    5. $f=f(x)$ und $g=g(x)$ seien stetige Funktionen.
18    Zu zeigen ist, dass auch die Summe $h=f+g$ eine stetige
19    Funktion ist.
20    \end{document}
```

Zeile 1 ist ein Kommentar.

Zeile 2 legt fest, dass das Dokument ein Artikel sein soll. `\` leitet ein Makro ein, hier `\documentclass`. Sein Pflichtargument in geschweiften Klammern ist `article`. Die Zusatzargumente in eckigen Klammern besagen, dass das Dokument

- für den Ausdruck auf DINA4-Seiten vorgesehen ist,
- die Standard-Schriftgröße elf Punkte sein soll,
- abgesetzte Formeln linksbündig gesetzt werden sollen.

Zeile 3 legt fest, dass die Quelldateien mit dem Zeichensatz von Windows oder Unix erzeugt worden sind.

Zeile 4 werden wir hier nicht genauer erläutern. Es handelt sich um eine Übereinkunft, wie die Zeichen in einem Font nummeriert werden.

In Zeile 5 wird angeordnet, dass die originalen Zeichensätze *computer modern roman* verwendet werden sollen, jedoch nicht als Pixel-, sondern als Vektorgrafik. Den Unterschied erkennt man erst, wenn das Dokument stark vergrößert wird.

Zeile 6 sagt, dass ein Befehl wie `\tableofcontents` zu der Überschrift 'Inhaltsverzeichnis' führt sowie dass Wörter nach den Regeln der neuen deutschen Rechtschreibung in Silben getrennt werden.

Grafik soll für die Verwendung durch `pdftex` eingebunden werden, sagt die nächste Zeile. Nebenbei, `graphicx` ist kein Schreibfehler. Es handelt sich um einer verbesserte Version von `graphics`.

Das Paket `amssymb` stellt eine Reihe von mathematischen Symbolen bereit, die im Grundwortschatz von $\TeX$ nicht enthalten sind, zum Beispiel $\leq$.

Die Zeile 9 bestellt das Paket `moreverb`, mit dem man Computercode mit nummerierten Zeilen abdrucken kann, so wie oben.

In den nächsten beiden Zeilen der Präambel ordnen wir an, dass die erste Zeile eines neuen Abschnittes <u>nicht</u> eingerückt wird und dass zwischen zwei Abschnitten ein Zwischenraum von einem Millimeter eingefügt werden soll. Das ist auch die Einstellung für dieses Dokument.

Die letzten drei Zeilen der Präambel geben den Titel, den Autor und das Datum des Dokumentes an.

Der Inhalt des Dokumentes spricht für sich selber. `\maketitle` produziert die Überschrift und muss deswegen im Text stehen. Auf die $-Zeichen gehen wir später ein.

Und so ungefähr sieht das Ergebnis aus:

Übungen zur Mathematik, SS 2010

Nora Nöther

14. Mai 2010

5. $f = f(x)$ und $g = g(x)$ seien stetige Funktionen. Zu zeigen ist, dass auch die Summe $h = f + g$ eine stetige Funktion ist.

Nachdem man die oben abgedruckte Datei geschrieben und als `uebung2.tex` abgespeichert hat, wird `pdflatex` aufgerufen. In TeXworks ist das der weiße Pfeil auf einem grünen Kreis. Wenn man sich bei den Kommandos nicht verschrieben hat, wenn alle $-Zeichen an der richtigen Stelle stehen und wenn die Klammerpaare {...} für die Argumente stimmen, wird eine Datei `uebung2.pdf` erzeugt und auf dem Bildschirm angezeigt.

Weil Sie viele Übungszettel verfassen werden, lohnt es sich, die Zeilen 2 bis 14 in einer Datei `header.tex` zu speichern. Unser Beispiel sieht dann wie folgt aus:

```
1    % this file is uebung2.tex
2    \input{header}
3    \begin{document}
4    \maketitle
5    5. $f=f(x)$ und $g=g(x)$ seien stetige Funktionen.
6    Zu zeigen ist, dass auch die Summe $h=f+g$ eine stetige
7    Funktion ist.
8    \end{document}
```

B.2.2 Normaler Text

Normaler Text erscheint erst einmal so, wie man ihn schreibt.

Text besteht aus Sätzen, die aus Wörtern und Satzzeichen bestehen. Ein Hauptsatz sollten höchstens zwei Nebensätze enthalten, nur einer ist besser.

Sätze wiederum werden zu Absätzen (Paragrafen) zusammengefasst, die einen Gedanken vermitteln. Absätze können aus einem einzigen sehr aussagekräftigem Satz bestehen und sollten nicht viel mehr als fünf Sätze umfassen.

Beim Schreiben sind nur wenige Formatierungs-Regeln zu beachten:

- Mehrere Leerzeichen und/oder ein Zeilenwechsel werden zu einem Trennzeichen zwischen Wörtern zusammengezogen. `zwei      Euro` im Quellcode und `zwei Euro` ergibt dasselbe, nämlich zwei Euro.
- Leerzeilen trennen Absätze. Mehrere Leerzeilen sind dasselbe wie eine.
- Bevorzugte Stellen für den Zeilenumbruch sind Leerzeichen. Will man das verhindern, sollte man das Leerzeichen als Tilde schreiben, wie in 2 Euro, im Quelltext `2~Euro`.
- Wenn aus irgendeinem Grund die Silbentrennung nicht klappt, muss man manuell nachhelfen, so wie in `Yt\-tri\-um\-ei\-sen\-gra\-nat`.
- Der Bindestrich wird als Minus-Zeichen geschrieben, so wie hier. Einen Gedankenstrich – wenn er wirklich nötig ist – sollte man als `~--` eingeben.
- Sonderzeichen wie $ { & sind als `\$ \{ \&` und so weiter zu schreiben.
- Mit `\emph{typographisch}` kann man ein Textstück *typografisch* hervorherben.[4]
- Wörter können wie in `\underline{sparsam}` unterstrichen werden. Damit sollte man sparsam umgehen, weil Unterstreichen einen ordentlichen Zeilenumbruch erschwert.

B.2.3 Logische Gliederung des Dokumentes

Wir haben oben die Dokumentenklasse `article` vorgestellt. Solche Dokumente können, aber müssen nicht, gegliedert werden.

---

[4] `emph` für engl. *emphasize*: betonen, hervorheben.

Die höchste Ebene ist der Abschnitt, \section{...}, wobei die Punkte für die Überschrift des Abschnittes stehen. Jedem Abschnitt wird von LaTeX automatisch eine laufende Nummer zugeteilt, etwa 2.

Nur innerhalb eines Abschnittes sollte man \subsection{...} schreiben. Dieser Unterabschnitt hat ebenfalls eine Überschrift und wird beispielsweise mit 2.1 nummeriert.

Für die darunter stehende Gliederungsebene \subsubsection{...} gilt Entsprechendes. Den Unter-Unterabschnitten werden Nummern wie 2.1.3 zugewiesen.

Es gibt noch tiefere Ebenen, die sollte man aber in kurzen Artikeln nicht benutzen.

Ehe man einen Abschnitt untergliedert, sollte eine kurze Übersicht über die folgenden Unterabschnitte kommen. Einen Abschnitt in nur einen Unterabschnitt zu gliedern, macht keinen Sinn. Entsprechendes gilt für Unterabschnitte. Sie sollten mit einer kurzen Übersicht über die folgenden Unter-Unterabschnitte beginnen. Eine Gliederung in nur einen Teil ist unsinnig.

Für den auf diese Weise logisch strukturierten Text erzeugt der Befehl \tableofcontents ein ansprechend gestaltetes Inhaltsverzeichnis, und zwar an der Stelle, wo dieser Befehl im Quelltext steht.

B.2.4 Gliederung des Quellcodes

Der Quellcode für ein längeres Dokument kann auf mehrere überschaubare Dateien verteilt werden. Insbesondere sollten wiederverwendbare Teile in eigene Dateien gesteckt werden. Beispielsweise kann man die Zeilen 2 bis 14 des oben dargestellten Beispielprogrammes in eine Datei `header.tex` abspeichern und dann mit

```
\input{header}
```

in das Dokument einbinden. Wenn der Punkt im Dateinamen fehlt, wird `.tex` angenommen. Der Inhalt der angegebenen Datei wird wortwörtlich in das Dokument eingefügt.

Nora Nöther will wahrscheinlich noch mehr Übungszettel verfassen, aber der Vorspann ist immer derselbe. Man kann das auch mit Kopieren und Einfügen auf Editor-Ebene erreichen, aber die hier vorgeschlagene Lösung ist sicherlich besser.

Der Übungszettel[5] ist nun

```
1    % this file is uebung2.tex
2    \input{header}
3    \begin{document}
4    \maketitle
```

---

[5] Man könnte auch die Zeilen 3 und 4 in `header.tex` unterbringen. Damit würde man aber gegen das Prinzip verstoßen, dass Quellcode sich so gut wie möglich selber erklären soll.

```
5    5. $f=f(x)$ und $g=g(x)$ seien stetige Funktionen.
6    Zu zeigen ist, dass auch die Summe $h=f+g$ eine stetige
7    Funktion ist.
8    \end{document}
```

Als Faustregel für kurze Dokumente gilt: Jeder Abschnitt steht in einer eigenen Datei. Sind die Dokumente länger, dann sollte man auch die Abschnitte aus Dateien für die Unterabschnitte zusammensetzen. Außerdem sollte der Inhalt nicht-trivialer Tabellen getrennt abgespeichert werden.

B.3 Einfache Formeln

LaTeX ist zu Beginn im Text-Modus. Mit Dollar-Zeichen schaltet man in den Mathematikmodus um und auch wieder zurück. Es gibt noch andere Möglichkeiten. Wir erklären auch, wie man eigene Makros definiert.

B.3.1 Formeln im laufenden Text

$E = mc^2$ ist Einsteins berühmte Formel für den Zusammenhang zwischen der Energie E eines ruhenden Teilchens, seiner Masse m und der Lichtgeschwindigkeit c. Dieser Satz im Quelltext sieht so aus:

```
1    $E=mc^2$ ist Einsteins berühmte Formel für den Zusammenhang
2    zwischen der Energie $E$ eines ruhenden Teilchens, seiner
3    Masse $m$ und der Lichtgeschwindigkeit $c$.
```

Mit dem Dollar-Zeichen wird in den Mathematik-Modus umgeschaltet, so dass es 'Energie E' und nicht 'Energie E' heißt. Es ist wohl der häufigste Anfängerfehler, Formelbuchstaben im laufenden Text nicht in Dollar-Zeichen einzuschließen.

Die Formel E=mc^2 besagt, dass die 2 hochgestellt werden soll. Dabei wird sie automatisch verkleinert. Sollen mehrere Zeichen hochgestellt werden, muss man mit {...} zusammenfassen, wie in x^{-4}. Das ergibt x^{-4}. Der Quellcode x^-4 dagegen hätte zu x^-4 geführt. Sinngemäß dasselbe gilt für die Tiefstellung, etwa in g_{jk}, also g_{jk}. Das Hochstellungszeichen[6] ^ sowie das Tiefstellungszeichen[7] _ sind im Textmodus gar nicht erlaubt.

Griechische Buchstaben sind Makros und werden so geschrieben, wie sie heißen. \alpha im Quellcode steht für α, \mu für μ, und so weiter. Griechische Großbuchstaben werden groß geschrieben, so wie \Omega für Ω.

Die Namen der üblichen Funktionen sind <u>keine</u> Formelzeichen, deswegen gibt es dafür eigene Makros, etwa \sin für den Sinus. $f(t) = \sin \Omega t$ wird durch f(t)=\sin\Omega t erzeugt. f_{max}=1 ergibt $f_{max} = 1$. Das ist falsch. Es sollte f_{\max}=1 heißen, also $f_{\max} = 1$.

---

[6] engl. *caret*

[7] engl. *underscore*

Man kann in die Formeln Zwischenräume einfügen: \; für einen großen Zwischenraum, \, für einen kleinen und \! für einen kleinen negativen Zwischenraum. Das ergibt $a\,b$, $a\,b$ sowie ab anstelle von ab (Normalfall).

\quad ist ein vierfacher Zwischenraum, der auch im Textmode funktioniert. So wie   hier oder in $a\quad b$.

WinEdt (wie die meisten anderen Entwicklungsumgebungen) enthält eine vollständige oder TeXMaker Liste der in LaTeX bekannten Symbole, Zeichen und Funktionen. Solche, die man oft braucht, prägen sich auch schnell ein: \nabla für ∇, \partial für ∂, \infty für ∞ und viele mehr.

Nicht einmal eine Seite an Erklärungen, und schon hat man neunzig Prozent des Formelsatzes im Griff!

B.3.2 Abgesetzte Formeln

Mit `$$E=mc^2$$` erzeugt man eine abgesetzte Formel. Das sieht so aus:

$$E = mc^2$$

Der Mathematik-Modus wird durch zwei Dollarzeichen eingeleitet und so auch wieder verlassen. Die Formel selber wird als eigener Absatz mittig gesetzt. Für Dokumente mit wenigen Formeln ist das eine gar nicht so schlechte Lösung, Formeln hervorzuheben.

Mir gefällt das einmal aus ästhetischen Gründen nicht, ich hätte die Formel gern linksbündig mit einer gewisssen Einrückung gesetzt, außerdem möchte ich sie nummerieren können, so dass man sie im Text zitieren kann. Dass abgesetzte Formeln linksbündig zu setzen sind, haben wir in der Präambel eigentlich angeordnet.

Dafür sieht LaTeX die equation-Umgebung vor, so wie hier:

```
1    \begin{equation}
2    E=mc^2
3    \label{einstein}
4    \end{equation}
```

Das ergibt

$$E = mc^2 \tag{36}$$

Danach kann man

```
1    Die Gleichung~\ref{einstein} besagt, dass Masse
2    fast dasselbe ist wie Energie.
```

schreiben, das ergibt

Die Gleichung 36 besagt, dass Masse fast dasselbe ist wie Energie.

Wir haben gerade gelernt, dass \label{marke} eine Marke setzt, auf die man mit \ref{marke} zugreifen kann. Dieser Mechanismus ist überaus wichtig, weil man damit logisch, und nicht visuell programmieren kann. Werden später andere Formeln eingeschoben, dann ändern sich die Gleichungsnummern, aber die Verweise darauf ändern sich ebenfalls, und zwar richtig.

Zwei Sachen sind noch zu kritisieren: Formeln sollten einmal mit einem Satzzeichen enden, Punkt, Komma oder mit keinem. Und sie sollten ein wenig eingerückt werden, obgleich wir in der Präambel `\parindent=0pt` vorgeschrieben haben.

B.3.3 Das EQ-Makro als Beispiel

Mit dem LaTeX-Befehl `\newcommand` definiert man ein neues Makro. Die Makro-Namen bestehen nur aus Buchstaben. Fast alle LaTeX-Makros haben Namen aus Kleinbuchstaben. Die Namen eigener Makros schreibt man daher am besten in Großbuchstaben. Es ist eine bewährte Praxis, alle privaten Makros in eine Datei mit der Endung `.sty` zu stecken und diese in der Präambel aufzurufen.

Wir erklären nicht die Regeln, sondern bringen ein verallgemeinerungsfähiges Beispiel:

```
 1    \newcommand{\EQ}[3]
 2    {
 3        \begin{equation}
 4        \quad\quad
 5        #2
 6        \;
 7        #3
 8        \label{#1}
 9        \end{equation}
10    }
```

Zeile 1 sagt, dass das neue Makro `\EQ` heißen soll und drei Argumente hat. Die Angabe in eckigen Klammern kann wegfallen, wenn das Makro keine Argumente hat, so wie `\alpha`. Das nächste Argument, in geschweiften Klammern, legt fest, was das Makro machen soll. In diesem Falle:

- rufe die `equation`-Umgebung auf,
- schreibe einen großen Zwischenraum,
- erzeuge die Formel, die als zweites Argument angegeben ist,
- füge einen kleineren Zwischenraum ein,
- schreibe das Satzzeichen, das dritte Argument,
- verbinde die Formelnummer mit der Marke, die als erstes Argument spezifiert wurde, und
- beende die `equation`-Umgebung

Für die Formel (37), also für

$$E = mc^2 \ ,$$
(37)

steht im Quelltext

```
1    Für die Formel~(\ref{zweistein}),
2    also für \EQ{zweistein}{E=mc^2}{,}
3    steht im Quelltext
```

B.4 Mehr über Formeln

Wer es genau nimmt, sollte Differentiale nicht als dx, sondern als $\mathrm{d}x$ schreiben. Schließlich ist das d keine Variable. Das erreicht man beispielsweise durch ein Makro

```
\newcommand{\D}{\textrm{d}}
```

Ebenso sollte man für die imaginäre Einheit $\mathrm{i} = \sqrt{-1}$ schreiben, mit einem Makro

```
\newcommand{\I}{\textrm{i}}
```

Im Fließtext sollte man Integrale vermeiden. $A = \int_0^\infty \mathrm{d}x\, f(x)$ sieht nicht schön aus. Besser ist

```
\EQ{ltmf3}{A=\int_0^\infty\D x\,f(x)}{.}
```

Das erzeugt

$$A = \int_0^\infty \mathrm{d}x\, f(x) \ . \tag{38}$$

Brüche im Fließtext sehen auch nicht gut aus, oder gefällt Ihnen $y = \frac{1}{\sqrt{1+a^2x^2}}$? Ich schreibe dann lieber $y = 1/\sqrt{(1 + a^2x^2)}$, aber noch besser ist

$$y = \frac{1}{\sqrt{1 + a^2x^2}} \ . \tag{39}$$

also

```
\EQ{ltmf4}{y=\frac{1}{\sqrt{1+a^2x^2}}}{.}
```

im Quellcode. Ihr Editor muss in der Lage sein, Paare geschweifter Klammern sichtbar zu machen, sonst kommt es ganz schnell zu Fehlern. Bei den drei aufeinander folgenden rechten geschweiften Klammern schließt die erste die Wurzel ab, die zweite den Nenner und die dritte das Makro-Argument.

Übrigens kann man auch im Fließtext $y = \dfrac{1}{\sqrt{1 + a^2x^2}}$ hinbekommen, nämlich mit dem Makro `\displaystyle`. Damit wird dann der Zeilenabstand vergrößert. Wir haben soeben $\displaystyle y=\frac{1}{\sqrt{1+a^2x^2}}$ angeordnet.

Für fett zu druckende Formelbuchstaben[8] habe ich mir das Makro

```
\newcommand{\MB}[1]{{\mbox{\mathversion{bold}$#1$}}}
```

gebastelt, für einen Spaltenvektor mit drei Komponenten

```
1    \newcommand{\VVV}[3]{
2    \left(\!
3    \begin{array}{c}
4        #1\\
5        #2\\
6        #3
7    \end{array}
8    \!\right) }
```

Das Makro hat drei Argumente, nämlich die Komponenten. `\left(` erzeugt eine linke runde Klammer der erforderlichen Größe. Dann wird die Matrix-Umgebung aufgerufen. Die Matrix soll eine Spalte haben, ihre Komponenten werden zentriert. Das sagt `{c}`. `\\` wechselt zur nächsten Zeile. Die Matrix-Umgebung wird dann verlassen, der Inhalt mit einer größenangepassten rechten runden Klammer abgeschlossen. `\!` verengt den Vektor ein wenig.

Die Formel (40) wurde als

```
1    \EQ{ltmf5}{
2    \MB n=\MB t_1\times\MB t_2
3    =R^2\cos\theta
4    \VVV
5    {\cos\theta\cos\phi}
6    {\cos\theta\sin\phi}
7    {\sin\theta}
8    }{.}
```

programmiert, das ergibt

$$n = t_1 \times t_2 = R^2 \cos\theta \begin{pmatrix} \cos\theta\cos\phi \\ \cos\theta\sin\phi \\ \sin\theta \end{pmatrix} . \tag{40}$$

Und so sieht mein Makro für 2×2-Matrizen aus:

```
1    \newcommand{\MM}[4]{
2    \left(
3    \begin{array}{cc}
4        #1&#2\\
5        #3&#4
6    \end{array}
```

---

[8] engl. *math bold*

```
7    \right)
8    }
```

& trennt Spalten.

Ähnliche Makros, \VV mit zwei Argumenten und \MMM mit neun Argumenten haben mir das Schreiben physikalischer und mathematischer Texte sehr erleichtert. Für mein Physikbuch beispielsweise habe ich alle Werte für Naturkonstante als Makros definiert. Wenn schon falsch, dann braucht man nur an einer Stelle zu reparieren. Andererseits erweitern Makros den Wortschatz. Man muss sich immer mehr Namen und ihre Verwendung merken, bis man nicht mehr durchblickt. Zwischen 'immer wieder dasselbe schreiben', der Kopier- und Einfügefunktion des Editors und einer riesigen .sty-Datei gibt es einen Kompromiss, den jeder selber finden muss.

Über den Formelsatz mit LaTeX gibt es noch viel mehr zu sagen. Ich meine jedoch, dass der voranstehende Text sowohl die Prinzipien als auch die wichtigsten Details beispielhaft erklärt hat. Wenn Sie diesen Text sorgfältig gelesen und die Beispiele nachvollzogen haben, dann sollten Sie in der Lage sein, Ihre Entwicklungsumgebung zu befragen und im Internet nach Hilfe für die Fälle zu suchen, die wir nicht erwähnt haben.

Dabei helfen elementare Englischkenntnisse. \sum steht für Summe, \dots für Punkte, \circ für einen Kreis. \hat legt einen Hut über das folgende Symbol und so weiter, wie in $\hat a$, $10\,°$C, Für $j = 1, 2, \dots, n$ und

$$B = \sum_{j=1}^{\infty} \frac{1}{j^2} \ .$$
(41)

Dieser Paragraph wurde progammiert als

```
1    Dabei helfen elementare Englischkenntnisse.
2    \verb!\sum! steht für Summe, \verb!\dots! für Punkte,
3    \verb!\circ! für einen Kreis.
4    \verb!\hat! legt einen Hut über das folgende Symbol
5    und so weiter, wie in $\hat a$, $10\,^\circ$C,
6    Für $j=1,2,\dots,n$ und
7    \EQ{ltmf6}{
8    B=\sum_{j=1}^\infty \frac{1}{j^2}
9    }{.}
```